大棚蔬菜多层覆盖栽培新技术

DAPENG SHUCAI DUOCENG FUGAI ZAIPEI XINJISHU

孙兴祥　倪宏正　主编

中国农业出版社

图书在版编目（CIP）数据

大棚蔬菜多层覆盖栽培新技术/孙兴祥，倪宏正主编．—北京：中国农业出版社，2012.5（2015.11 重印）
ISBN 978-7-109-16616-5

Ⅰ.①大… Ⅱ.①孙… ②倪… Ⅲ.①蔬菜—温室栽培 Ⅳ.①S626.5

中国版本图书馆 CIP 数据核字（2012）第 065467 号

中国农业出版社出版
（北京市朝阳区农展馆北路 2 号）
（邮政编码 100125）
责任编辑　孟令洋

中国农业出版社印刷厂印刷　　新华书店北京发行所发行
2016 年 1 月北京第 3 次印刷

开本：880mm×1230mm 1/32　　印张：7.25
字数：200 千字　　印数：11 001～14 000 册
定价：18.00 元

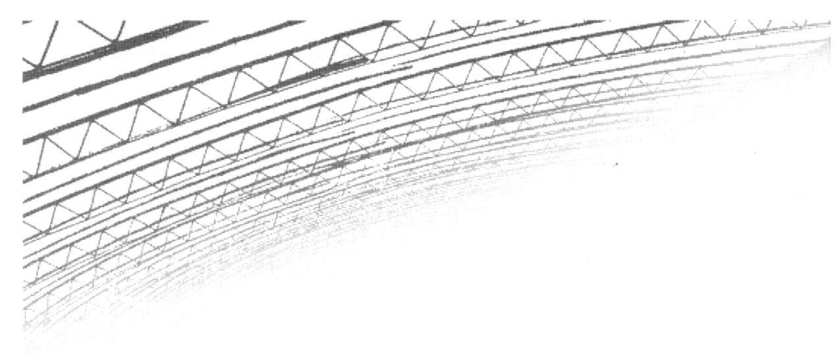

主　　编　孙兴祥　倪宏正

编写人员（按姓氏笔画排序）

王　军　王乃宁　王永超　韦运和

韦春彬　尤　春　仇东辉　刘　华

孙兴祥　苏生平　周　峰　胥成刚

倪　玮　倪宏正　缪学田　薛瑞祥

第一章　综述 …… 1

第二章　新型覆盖材料 …… 5

一、氟素农膜 …… 5
二、新型铝箔反光遮阳保温材料 …… 6
三、多层复合型农膜（PO系特殊农膜） …… 6
四、其他新型多功能覆盖材料 …… 7

第三章　茄果类蔬菜多层覆盖栽培技术 …… 10

一、早春大棚番茄多层覆盖栽培技术 …… 10
（一）生物学特性 …… 10
（二）类型与品种 …… 11
（三）栽培技术 …… 15
二、茄子多层覆盖极早熟栽培技术 …… 18
（一）生物学特性 …… 18
（二）主要品种 …… 19
（三）栽培技术 …… 20
三、辣椒多层覆盖早春栽培技术 …… 21
（一）生物学特性 …… 22
（二）类型与品种 …… 22

（三）栽培技术 …… 23
四、辣椒秋延后栽培技术 …… 25
（一）育苗 …… 26
（二）定植 …… 26
（三）大田管理 …… 27
（四）采收 …… 28

第四章　瓜类蔬菜多层覆盖栽培技术 …… 29

一、西瓜双大棚多层覆盖栽培技术 …… 29
（一）西瓜的生物学特性 …… 29
（二）品种类型 …… 30
（三）栽培技术 …… 30
二、大棚厚皮甜瓜栽培技术 …… 34
（一）生物学特性 …… 35
（二）主要品种 …… 35
（三）栽培技术 …… 36
三、西葫芦大棚多层覆盖长季节栽培技术 …… 40
（一）生物学特性 …… 41
（二）栽培技术 …… 43
四、黄瓜大棚多层覆盖栽培技术 …… 46
（一）生物学特性 …… 47
（二）主要品种 …… 47
（三）栽培技术 …… 48
五、大棚丝瓜多层覆盖极早熟密植栽培技术 …… 51
（一）生物学特性 …… 51
（二）类型与品种 …… 52
（三）栽培技术 …… 53
六、大棚冬瓜特早熟高效吊栽技术 …… 55
（一）生物学特性 …… 56
（二）类型与品种 …… 56

（三）大棚冬瓜特早熟栽培 …… 57
（四）冬瓜的贮藏与保鲜 …… 59
七、大棚瓠瓜春提前栽培技术 …… 61
（一）生物学特性 …… 61
（二）品种类型 …… 62
（三）栽培技术 …… 62
八、大棚小南瓜栽培技术 …… 65
（一）生物学特性 …… 66
（二）主要新品种 …… 66
（三）栽培技术 …… 67

第五章　叶菜类蔬菜多层覆盖栽培技术 …… 70

一、大棚茼蒿多层覆盖周年供应栽培技术 …… 70
（一）生物学特性 …… 70
（二）品种类型 …… 71
（三）栽培技术 …… 71
二、大棚落葵矮化密植栽培技术 …… 74
（一）生物学特性 …… 74
（二）主要品种 …… 75
（三）栽培技术 …… 75
三、大棚蕹菜多层覆盖早春栽培技术 …… 78
（一）生物学特性 …… 78
（二）主要品种 …… 79
（三）栽培技术 …… 80
四、早春大棚苋菜高产高效栽培技术 …… 82
（一）类型与品种 …… 83
（二）高产高效栽培技术 …… 83
五、大棚马兰栽培技术 …… 85
（一）生物学特性 …… 85
（二）马兰的品种类型 …… 86

（三）繁殖方法 …………………………………………………… 86

（四）栽培技术 …………………………………………………… 86

六、大棚芦蒿栽培技术 …………………………………………… 89

（一）生物学特性 ………………………………………………… 89

（二）品种与特性 ………………………………………………… 90

（三）生产技术 …………………………………………………… 90

七、大棚本芹多层覆盖栽培技术 ………………………………… 93

（一）生物学特性 ………………………………………………… 93

（二）主要品种 …………………………………………………… 93

（三）栽培技术 …………………………………………………… 94

八、大棚西芹秋冬栽培技术……………………………………… 99

（一）生物学特性 ………………………………………………… 99

（二）主要品种 …………………………………………………… 100

（三）栽培技术 …………………………………………………… 100

九、大棚莴笋秋延迟栽培技术 …………………………………… 104

（一）生物学特性 ………………………………………………… 104

（二）主要品种 …………………………………………………… 105

（三）栽培技术 …………………………………………………… 105

十、大棚莴苣早春多层覆盖栽培技术 …………………………… 109

（一）保护地设施的建造 ………………………………………… 109

（二）栽培技术 …………………………………………………… 110

（三）采收 ………………………………………………………… 112

十一、大棚韭菜高产栽培技术 …………………………………… 112

（一）生物学特性 ………………………………………………… 112

（二）主要品种 …………………………………………………… 113

（三）栽培技术 …………………………………………………… 114

十二、大棚韭薹高产栽培技术 …………………………………… 116

（一）品种选择 …………………………………………………… 117

（二）栽培技术 …………………………………………………… 117

十三、大棚莲藕栽培技术 ………………………………………… 119

十四、大棚圆白萝卜周年栽培技术 …… 120
（一）品种选择 …… 120
（二）茬口安排 …… 121
（三）技术要点 …… 121
十五、大棚春胡萝卜栽培技术 …… 123
（一）品种选择 …… 123
（二）施足底肥，增施钾肥 …… 123
（三）适期精细播种，确保一播全苗 …… 123
（四）加强田间管理 …… 124
（五）搞好病虫防治 …… 124
（六）注意防控生理性病害 …… 124
（七）采收 …… 125
十六、夏季青蒜大棚遮阳网覆盖栽培技术 …… 125
（一）品种选择 …… 126
（二）整地施肥 …… 126
（三）种子处理 …… 126
（四）精细播种 …… 126
（五）密植栽培 …… 127
（六）田间管理 …… 127
（七）病虫防治 …… 127
（八）及时采收 …… 128
十七、夏季芫荽大棚遮阳网覆盖栽培技术 …… 128
（一）品种选择 …… 129
（二）整地施肥 …… 129
（三）播期安排 …… 130
（四）种子处理 …… 130
（五）精细播种 …… 130
（六）田间管理 …… 130
（七）病虫防治 …… 131
（八）及时采收 …… 131

十八、大棚草莓无公害栽培技术 …… 132
（一）选用良种 …… 132
（二）培育种苗 …… 132
（三）及时定植 …… 132
（四）精细管理 …… 133
（五）适时采收 …… 134

第六章　多层覆盖栽培蔬菜病虫害防治 …… 135

一、多层覆盖栽培蔬菜病虫害的发生特点 …… 135
（一）土传病害发生偏重 …… 135
（二）气传病害容易流行 …… 135
（三）虫害发生世代期短 …… 136
（四）蔬菜的生理障碍加重 …… 136
（五）病虫寄生范围广 …… 137
二、多层覆盖栽培蔬菜主要虫害防治技术 …… 137
（一）茶黄螨 …… 137
（二）美洲斑潜蝇 …… 139
（三）烟粉虱 …… 141
三、多层覆盖栽培蔬菜主要病害防治技术 …… 143
（一）猝倒病 …… 143
（二）灰霉病 …… 145
（三）疫病 …… 147
（四）根结线虫病 …… 148
（五）连作障碍 …… 149

第七章　设施园艺新技术 …… 154

一、节水灌溉技术 …… 154
（一）滴灌 …… 154
（二）微喷灌及雾喷灌 …… 163
（三）膜下灌溉 …… 166

（四）渗灌 …… 167
二、施肥技术 …… 169
（一）配方施肥 …… 169
（二）根外追肥 …… 173
三、化控技术 …… 174
（一）植物生长调节剂的种类 …… 175
（二）植物生长调节剂的配制 …… 175
（三）植物生长调节剂在蔬菜上的应用 …… 177
（四）使用植物生长调节剂应注意的问题 …… 179
四、穴盘基质育苗技术 …… 180
（一）黄瓜断根嫁接苗穴盘育苗技术 …… 180
（二）西瓜工厂化嫁接育苗技术 …… 183
（三）番茄直播苗穴盘育苗技术 …… 189
（四）茄子、辣（甜）椒穴盘育苗技术 …… 191
（五）西芹穴盘育苗技术 …… 194
（六）甘蓝类蔬菜穴盘育苗技术 …… 195
（七）生菜穴盘育苗技术 …… 197
（八）穴盘种苗生产中常见的问题及解决方法 …… 198
（九）穴盘育苗病虫害控制技术 …… 201
五、烟熏剂、粉尘剂使用技术 …… 208
（一）烟熏剂使用技术 …… 208
（二）粉尘剂使用技术 …… 210
六、有机生态型无土栽培技术 …… 211
（一）有机生态型无土栽培技术的特点 …… 212
（二）有机生态型无土栽培系统的组成 …… 212
（三）有机生态型无土栽培的生产实施 …… 214
七、秸秆生物反应堆技术应用方法与注意事项 …… 217
（一）反应堆建造方法和注意事项 …… 217
（二）应用反应堆技术与密度、品种的关系 …… 220
（三）处理菌种和植物疫苗 …… 220

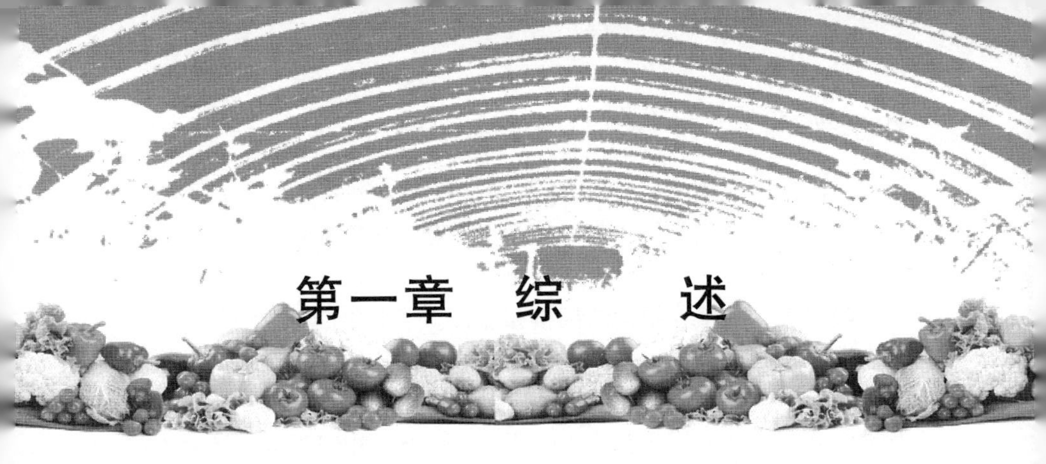

第一章　综　　述

江苏盐城市冬季气候的特点是低温、寡照、高湿。冬季气温低，一般年份冬季最低气温－10～－9℃，2008 年 12 月 22 日最低气温－11.4℃，为近 20 年来新低。冬季阴雨天多，经常下雨或下雪，日照严重不足，一般年份冬季连续 10～20 天阴雨天气的概率较大，特殊年份连续阴雨天气的天数多于 20 天，露地耐寒、半耐寒蔬菜生产常常受到严重影响，普通大棚内喜温蔬菜无法正常越冬。*

本地区传统的冬季蔬菜生产主要是露地生产耐寒、半耐寒蔬菜，如青菜、大蒜、莴苣、芹菜等。20 世纪 90 年代以后，随着设施蔬菜栽培技术的迅速推广，大棚覆盖栽培技术逐渐被广大菜农所掌握，但主要进行春提前大棚喜温蔬菜（如茄果类、瓜类）栽培，少部分用于秋延后大棚喜温蔬菜栽培，深冬或越冬喜温蔬菜栽培几乎没有。虽然本地区冬季平均气温高于北方，但有效光照大大少于北方，使本地区冬季大棚生产的光热资源劣于北方，造成冬季大棚生产难度大于北方。所以冬季大棚生产中，北方地区强调阳光“热源”的利用，利用光照强、雨水少的条件，白天储热，夜晚用厚厚的草帘外覆盖保温。而本地区冬季阴天多、雨水多，缺少“热源”，也就不能用厚厚的草帘外覆盖保温，所以深冬栽培难度很大。20 世纪 90 年代中期，虽有部分县曾大力推广北方日光温室深冬栽培

---

* 作者说明：本书在编写过程中，参阅和引用了有关专家、学者的相关资料，特此说明，以致感谢。

技术（山东寿光模式），但由于气象条件差，外覆盖的草帘不能很好地起到保温增温作用，栽培技术不配套、难度大，成功率低，效益差，故未能大面积推广。

随着农业种植业结构的调整和蔬菜市场竞争的日益激烈，广大菜农迫切希望早春栽培产品上市期不断提前，秋延后栽培产品供应期不断延后，而普通的大棚蔬菜生产技术已远远不能满足广大菜农对设施蔬菜生产发展于新技术的要求。因此，由普通大棚蔬菜生产技术不断提炼、改进、演变而来的大棚多层覆盖栽培应运而生。加之设施蔬菜栽培新技术、新产品的不断研制与开发，如新型保温农膜（EVA）、耐低温弱光蔬菜新品种、全地膜覆盖、膜下暗灌及滴灌、烟熏剂和粉尘剂、病虫害综合防治等产品和技术的推广应用，多层覆盖栽培技术推广应用的物质和技术条件逐渐成熟。

所谓多层覆盖是指利用塑料大棚进行三层、四层或更多层的薄膜或其他保温材料的覆盖。进行蔬菜多层覆盖栽培，能够非常明显地起到早春早上市、秋冬季晚拉秧甚至越冬栽培的效果，基本实现不加温条件下进行冬季喜温蔬菜生产的目的，从而大大提高蔬菜的价格和种菜的效益，增加农民收入。

冬季保温效果是决定大棚蔬菜越冬栽培成败的关键。盐城市冬季低温、寡照、高湿，虽然平均气温高于北方，但有效光照大大少于北方，不适合大规模开发引用北方日光温室保温栽培技术。利用“辐射、对流、传导”的热交换科学原理形成的多层覆盖内保温技术，可有效地解决盐城市冬季大棚保温的特殊要求，为本地大棚蔬菜的越冬栽培提供温度保障。

实践表明，采用“四棚五膜”（双大棚＋中棚＋小棚＋地膜）等多层覆盖保温技术是经济有效的保温措施。多层覆盖的保温原理是把大棚内部空间分隔成多个上下分隔的子空间，隔绝棚内空气的上下对流，减少对流造成的热量损失。同时由于多层薄膜覆盖，使每层薄膜上下两侧的温差减小，减少因传导造成的热量散失。加上使用远红外线透过率较低的 EVA 大棚薄膜（比 PE 薄膜低近 1 倍），基本可以保障盐城市冬季大棚茄果类等作物不受毁灭性冻害，瓜类作物最早定植期提前到1月上旬。

具体关键技术：

大棚的外膜一般选用0.06～0.08毫米厚的聚乙烯EVA高保温无滴膜。

内膜可选用0.015～0.03毫米厚的薄膜，为节省成本，也可采用旧棚膜。内一膜距大棚的外膜20厘米左右拉弓覆盖，内二膜距内一膜20厘米，想再增加内膜，以此类推，都以间隔20厘米覆盖一层为宜。中间如遇有立柱可用夹子把薄膜夹严。必须在两内膜之间形成密闭空间，才能真正起到保温效果。

目前本地区早春大棚西瓜大部分农户采用三棚四膜覆盖栽培技术，已有农户采用五棚六膜覆盖栽培技术，其覆盖方式如图1。

一方面由于使用草帘后需要每天盖帘和揭帘，非常烦琐，劳动强度大大增加；另一方面，大棚内湿度大，草帘使用寿命短，使用成本高，再加上草帘的摆放也要占据大量空间，不利于田间农事操作。所以，目前生产中绝大多数农户一般不用草帘。如当气温降到－4℃以下，确需使用草帘，通常可在小拱棚膜上加盖草帘。

由于采用多层覆盖后封闭较严，容易造成棚内湿度偏大，必须采取全棚地膜覆盖措施，并严格控制浇水量和浇水次数，以降低空气湿度。

研究表明，大棚多层覆盖是目前盐城地区一种有效的蔬菜设施保护栽培类型。

（1）*大棚多层覆盖增温效应明显* 深冬至早春期间，大棚套小棚加草帘加地膜四层覆盖方式可使日平均气温达18.9℃，最高气温达26.4℃，最低气温达8.9℃，分别较棚外露地增加13.3℃、18.0℃、7.6℃，完全适合盐城地区茄果类、瓜类等喜温蔬菜栽培，是一种较为理想的棚内覆盖方式。

（2）*2月上旬为地区茄果类等蔬菜大棚早春栽培的安全定植期* 大棚套小棚加草帘盖地膜，10厘米地温稳定通过10℃的日期为2月12日前后。因此，在正常年份，可将2月上旬定为本地区茄果类等蔬菜大棚早春栽培的安全定植期。

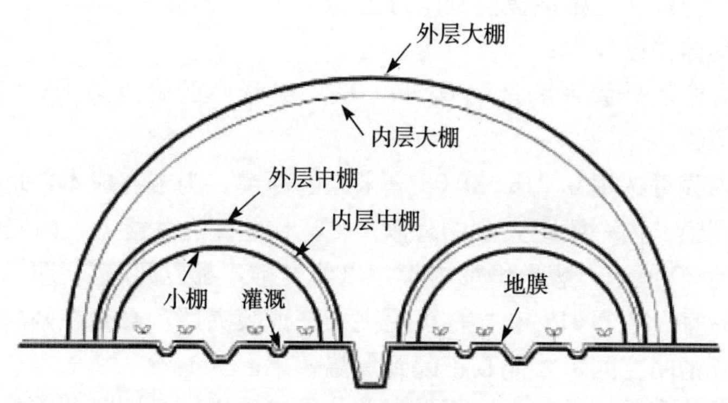

图 1　五棚六膜覆盖示意图

（3）**大棚生产中掌握好温湿度调控技术相当重要**　实践证明，生产中当棚内气温上升到 28℃时必须通风，气温下降到 22℃时应闭棚保温。对小棚、草帘等覆盖材料，要尽可能早揭晚盖，延长光照时间。阴天也应适当通风降湿，遇到低温阴雨或强寒流天气，要特别注意后半夜的防寒防冻工作。

第二章　新型覆盖材料

随着设施蔬菜的发展，一些新型的覆盖材料不断在生产中得以应用，既提高了蔬菜设施的性能，又可实现增产增效。

一、氟素农膜

氟素农膜是以乙烯与氟素乙烯聚合物为基质制成的新型覆盖材料。与聚乙烯膜相比，具有超耐候、超透光、超防尘、不变色等一般特性（图 2），使用期可达 10 年以上。主要产品有透明膜、梨纹麻面膜、紫外光阻隔性膜及防滴性处理膜等，厚度有 0.06 毫米、0.10 毫米和 0.13 毫米三种，幅宽 1.1～1.6 米。目前生产中应用的有 4 种不同特性的氟素农膜（表 1）。

表 1　氟素农膜的种类和特性

种　　类	特性及应用
自然光透过型氟素膜	能进行正常光合作用，作物不徒长，湿度低可抑制病害
紫外光阻隔型氟素膜	紫外光被阻隔，红色产品变鲜艳。用于棚（室）内部覆盖，寿命长，使用期可达 10～15 年
散射光型氟素膜	光线透过量与自然光透过型相同，但散射光量增加，实现生产均衡化
管架棚专用氟素膜	经宽幅加工，可容易、方便地用于管架棚覆盖，用特殊的方法固定。使用期为 10～15 年

氟素农膜一般特性
强度高：具有超耐久性，厚度为0.06~0.13毫米，使用期为10~15年
耐高温、耐低温：可在–100~+180℃安全使用，高温强光照下与金属部件接触部位不变性
全光透过：对太阳辐射的透光率高，可见光透过率达90%~93%，并可长期保持。覆盖多年多，膜不变色、不污染，透光率变化小。因红外线透过率高，与农用聚酯膜相比保温性差
耐寒、耐药性强：在严寒冬季不硬化、不脆裂，喷洒上农药不变性
薄膜喷涂处理：为增加其流滴性和防雾性，对薄膜应进行喷涂处理
回收利用：不能燃烧处理，用后专人收回，再生利用

图2　氟素农膜的一般特性

二、新型铝箔反光遮阳保温材料

由瑞典劳德维森公司研制开发，主要有LS缀铝反光遮阳保温膜和长寿强化外覆盖膜。产品性能类型多样，达50余种，使用期长达10年。

LS缀铝反光遮阳保温材料具有反光、遮阳、降温、保温节能、控制湿度、防雨、防强光、调控光照时间等多种功能，多用于温室内遮阳及温室外遮光。

用于温室内遮阳时，通过遮阳，使短日照作物在长日照条件下生长良好。同时可用于温室内夏季反光遮光降温覆盖及冬春季节保温节能覆盖，还可用于温室、大棚外部反光遮阳降温覆盖以及作为遮阳棚的外覆盖材料。

三、多层复合型农膜（PO系特殊农膜）

多层复合型农膜是以PE、EVA优良树脂为基础原料，加入保

温强化剂、防雾剂、光稳定剂、抗老化剂、爽滑剂等一系列高质量适宜助剂，通过 2～3 层共挤工艺生产的多层复合功能膜。PO 系特殊农膜具有多种特性（图 3），使用寿命 3～5 年。主要用于大棚、中小拱棚、温室的外覆盖及棚室内的保温幕。欧美国家所用的农膜多为复合功能膜，西班牙、法国、韩国、日本等都在生产销售，这是当今世界新型覆盖材料发展的趋势。

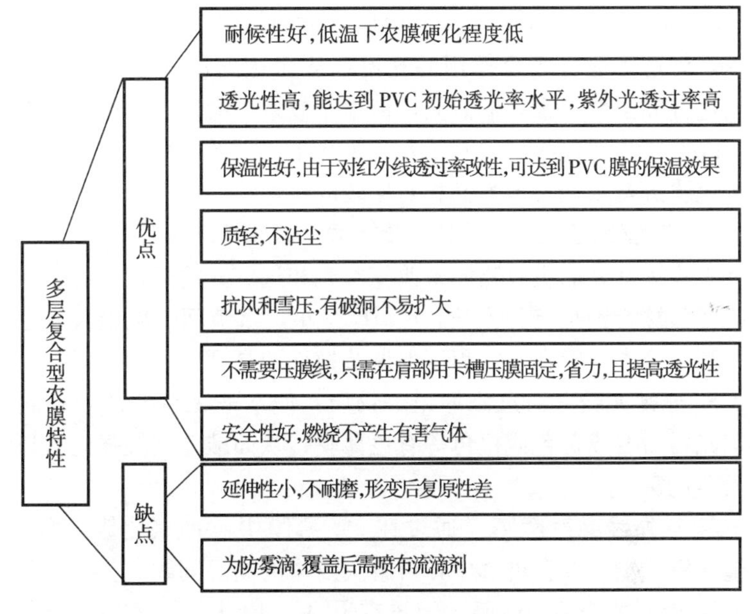

图 3　多层复合型农膜特性

四、其他新型多功能覆盖材料

随着科学技术的发展，透明覆盖材料的种类也越来越多。除目前普遍使用的长寿无滴膜以外，还开发了转光膜、有色膜、病虫害忌避膜等覆盖材料。需要指出的是，这类薄膜大多还处于研究开发阶段，尚未达到大面积应用水平。

1. 漫反射薄膜 通过在聚乙烯等母料中添加调光物质，使直射光进入大棚后形成更均匀的散射光，作物受光变得一致，设施中的温度变化减小，可促进植物的光合作用。

2. 转光膜 通过在聚乙烯等母料中添加光转换物质和助剂，使太阳光中的能量相对较大的紫外线转换成能量较小有利于植物光合作用的可见光。许多试验表明，转光膜还具有较普通薄膜更优越的保温性能，可提高设施中的温度。

3. 有色膜 通过在母料中添加一定的颜料以改变设施中的光环境，创造更适合光合作用的光谱，从而达到促进植物生长的目的。这方面虽然有很多的研究，但由于效果不稳定，加上使用有色膜后降低了光透过率，限制了有色膜在生产上的使用。目前，在利用蓝色膜进行水稻育苗方面相对比较成功。

4. 红光/远红光（R/FR）**转换膜** R/FR 转换膜主要通过添加红光或远红光的吸收物质来改变红光和远红光的光量子比率，从而改变植株特别是茎的生长。R/FR 越小，茎节间长度越长。生产上可利用这类薄膜在一定程度上调节植株的高度。

5. 光敏薄膜 通过添加银等物质，使本来无色的薄膜在超过一定光强后变成黄色或橙色等有色薄膜，从而减轻高温强光对植物生长的危害。

6. 红外线反射薄膜 通过在 PE 薄膜中添加氧化锡（SnO_2）等金属氧化物并夹在玻璃中，可解决夏季的高温问题。

7. 近红外线吸收薄膜 通过在 PVC、PET、PC 和 PMMA 等薄膜中添加近红外线吸收物质，从而可以减少光照强度和降低设施中的温度。但这类薄膜只适合高温季节使用，而不适合冬季或寡日照地区使用。

8. 温敏薄膜 利用高分子感温化合物在不同温度下的变浊原理以减少设施中的光照强度，降低设施中的温度。由于温敏薄膜是解决夏季高温替代遮阳网等材料的重要技术材料，因此，许多国家正在积极研究开发。

9. 病虫害忌避膜 病虫害忌避膜除通过改变紫外线透过率及

改变光反射和光扩散来改变光环境外，还可通过在母料中加入或在薄膜表面粘涂杀虫剂和昆虫性激素，从而达到忌避病虫害的目的。

10. 自然降解膜　主要通过微生物合成、化学合成以及利用淀粉等天然化合物制造而成，能在土壤微生物的作用下分解成二氧化碳和水等，从而减少普通薄膜所造成的环境污染。

第三章　茄果类蔬菜多层覆盖栽培技术

一、早春大棚番茄多层覆盖栽培技术

番茄果实营养丰富，具特殊风味。可以生食、熟食，亦可加工制成番茄酱、番茄汁或整果罐头。番茄是世界栽培最为普遍的果菜之一。番茄含有丰富的胡萝卜素、维生素C和B族维生素。其果实中含有的番茄红素可降低人类患癌症和心脏病的风险。番茄红素作为一种抗氧化剂，其对有害游离基的抑制作用是维生素E的10倍左右。旅美学者、康奈尔大学刘瑞海教授研究认为，番茄熟食比生食总体营养价值要高。未成熟的青色番茄因含有毒的龙葵碱不宜食用。

（一）生物学特性

1. 植物学性状　番茄为茄科一年生或多年生草本植物。植株高0.6～2米，全株被黏质腺毛。茎为半直立性或半蔓性，易倒伏。茎的分枝能力强，倒伏触地则生根，所以番茄扦插繁殖较易成活。果实为浆果，扁球状或近球状，肉质而多汁，橘黄色或鲜红色，光滑。种子扁平、肾形，灰黄色，千粒重3.0～3.3克，寿命3～4年。花、果期夏、秋季。根系发达，再生能力强，但大多根群分布在30～50厘米的土层中。

2. 对环境条件的要求

（1）温度　番茄是喜温性蔬菜，在正常条件下，同化作用最适温度为20～25℃，根系生长最适土温为20～22℃。提高土温不仅能促进根系发育，同时土壤中硝态氮含量显著增加，生长发育加

速，产量增高。

（2）光照　番茄是喜光作物，光饱和点为 70 000 勒克斯，适宜光照强度为 30 000～50 000 勒克斯。番茄是短日照植物，在由营养生长转向生殖生长过程中基本要求短日照，但要求并不严格，有些品种在短日照下可提前现蕾开花，多数品种则在 11～13 小时的日照下开花较早，植株生长健壮。

（3）水分　番茄既需要较多的水分，但又不必经常大量的灌溉，一般以土壤湿度 60%～80%、空气湿度 45%～50%为宜。空气湿度大，不仅阻碍正常授粉，而且在高温高湿条件下病害严重。

（4）土壤及营养　番茄对土壤条件要求不太严格，但为获得丰产，促进根系良好发育，应选用土层深厚、排水良好、富含有机质的肥沃壤土。土壤酸碱度以 pH6～7 为宜，过酸或过碱的土壤应进行改良。番茄在生育过程中，需从土壤中吸收大量的营养物质。据艾捷里斯坦报道，每生产 5 000 千克果实，需要从土壤中吸收钾（K_2O）33 千克，氮（N）10 千克，磷（P_2O_5）5 千克。

（二）类型与品种

1. 类型　按照进化关系，番茄可分为栽培型亚种、半栽培型亚种和野生型亚种 3 个亚种，每个亚种又有许多变种。生产上应用的品种主要属于栽培型亚种，可以分为 5 个变种。

普通番茄：植株茁壮，分枝多，匍匐性，果大，叶多。果形扁圆，果色可分红、粉红、橙、黄等，该变种包括绝大多数的栽培品种。

樱桃番茄：果实呈圆球形，果径约 2 厘米，2 心室，果色有红、橙、黄、墨绿或紫黑色。

大叶番茄：叶片大，叶缘光滑，似马铃薯叶，故又称薯叶番茄。茎蔓中等匍匐，果实与普通栽培番茄相同。

梨形番茄：果实呈梨形，果色有红色、橙黄色。

直立番茄：茎短而粗壮，分枝节短，植株直立，叶小色浓，叶面多卷皱，果柄短，果实扁圆球形。因能直立生长，栽培时无需立支架，便于田间机械化操作。

2. 当前生产上的主栽品种 根据番茄生物学特点及各地习惯，可将目前生产上推广的品种分为以下几种：

（1）粉红果番茄

毛粉802：无限生长类型，晚熟品种。植株生长势强，第一花序着生在主茎的第九或第十节上。结果集中，果实大而圆，有青肩，果脐小，肉厚，不易裂果。平均单果重150克。品质佳，口味好。抗烟草花叶病毒病，耐黄瓜花叶病毒病，耐早疫病。适宜露地及保护地栽培。

L-404：无限生长类型，中熟品种。该品种耐低温，生育期120天左右。果实商品性好，圆形，粉红色，果色鲜艳，果肩绿色，果面光滑，果脐小，6～8心室。果肉厚，果实硬度高，耐储运，优果率高，风味酸甜适口，可溶性固形物含量6%左右。抗烟草花叶病毒病。植株生长势中等，至3穗果处株高100厘米左右。茎粗壮，不易徒长，第八或第九节位着生第一花序，每花序间隔3片叶，每序5或6朵花。平均单果重250克左右。高产稳产，适宜露地栽培。

西粉3号：自封顶生长类型，早熟品种，一般着生3个花序后自行封顶。株高55～60厘米，生长势较强。第一花序着生在第七节上。果实圆整，粉红色，幼果有绿色果肩，单果重115～132克。果肉厚，甜酸适中，商品性好。耐低温。高抗番茄花叶病毒病，中抗黄瓜花叶病毒病和早疫病。适宜保护地栽培。

中蔬5号：无限生长类型，中熟品种。植株生长势强，坐果率高，每花序坐果5～7个。果形圆至高圆，果面粉红色，酸甜适中，品质好，果实较大，单果重平均150克以上。前期产量高，抗烟草花叶病毒病。适宜保护地及露地栽培。

中蔬6号：无限生长类型，中熟品种。叶量较大，叶色深绿，生长势强。第一花序着生在第八或第九节上，以后各花序间隔3叶，节间短。果实扁圆形，红色，单果重147克。果皮较厚，裂果少，较耐储运，品质优良。高抗番茄花叶病毒病。适宜春、秋大棚栽培。

中杂8号：无限生长类型，中熟品种。叶量中等，生长势强，坐果率高，每序坐果4～6个。果实近圆形，幼果有深绿色果肩，成熟果红色，果实均匀一致，单果重160～230克。甜酸适中，风味好，品质优。高抗番茄花叶病毒病，中抗黄瓜花叶病毒病，抗番茄叶霉病。适宜保护地栽培。

豫番茄6号：自封顶类型。株高65厘米，生长势强，叶色深绿，平展，6～7片叶着生第一花序，花序间隔1～2片叶，3序花封顶。花量较大，坐果率高，成熟早且集中。果实近圆形，粉红色，色泽鲜艳，不易裂果，平均单果重160克，品质佳。喜肥水，既耐寒又耐热，生育期160天。高抗烟草花叶病毒病和晚疫病，中抗黄瓜花叶病毒病，耐早疫病和叶霉病。丰产潜力大，适宜早春露地、保护地以及夏秋栽培。

（2）大红果番茄

加茜亚：无限生长类型。长势旺盛。果实大红色，大小均匀且光滑，圆形微扁，平均单果重180～210克。坐果率高，无青皮或青肩。品质佳，极耐储运，完全成熟后常温下存放20～30天而不变软。抗青枯病、烟草花叶病毒病及叶斑病。适宜越冬日光温室栽培。

秀丽：无限生长类型，早熟品种。长势旺盛，果实外观艳丽，中等大红果，单果重170～190克。果实圆形，大小均匀，肉厚结实，坐果率高，无青皮或空洞果。完全成熟后常温下存放20～30天而不变软，口感好，品质佳。抗青枯病、烟草花叶病毒病及叶斑病。适宜越冬日光温室或早春大棚栽培。

R-144：无限生长类型，中熟品种，从以色列引进。生长势强，根系发达，侧枝多，节间长，植株高大，一般高8～10米，最高可达15米。6～7片叶着生第一花序，每穗着生8～10个果，一般可收15穗果左右，采收期长达9个月。果型中等，平均单果重80～100克。果实圆形，色红、脐小、皮厚，品质好，商品性佳，耐储运。

凯来：无限生长类型，中早熟品种，由荷兰引进。一般每穗结果5～8个。果形圆，坚实，耐储运性好。成熟时颜色转深红，但带绿果肩，可于绿果或红果时采收。植株生长势中等，在冷凉气候条件下坐果佳。抗番茄花叶病毒病、黄萎病、根腐病、根结线虫病。适宜日光温室秋冬茬、越冬茬栽培。

蕾蒙：无限生长类型，中早熟品种，由瑞士引进。植株生长旺盛，叶半直立。大圆果，果实整齐一致，坚实，平均单果重200克左右，果面光滑，商品质量好。抗烟草花叶病毒病（TMV），耐黄瓜花叶病毒病（CMV），抗番茄黄萎病、根结线虫病、褐斑病、叶霉病。适宜日光温室越冬茬、冬春茬、秋冬茬栽培。

美国大红：自封顶类型，中早熟品种，由美国引进。植株高大，生长旺盛，抗病性特别强。前期产量高，坐果率高，节成性好。果实扁圆形，成熟后大红色，平均单果重280克左右，大果可达500克以上。品质极佳，鲜食性好，耐储运，货架期长。适宜保护地和露地栽培。

（3）*樱桃番茄*

斑比奥：由以色列引进。早熟，无限生长类型。分枝多，穗式结果，单果重15～20克。圆形果，色泽深红，均匀鲜艳，口感和味道极佳。耐储运。适宜初秋或春季温室栽培。

串珠：自封顶生长类型，叶片深绿色。主茎第5～6片叶开始着生花序，以后每间隔1～2片叶着生1花序，每序着花8～12朵。坐果率高达90%以上，每株可结果100个以上。果穗上着生的果实排列整齐。果实椭圆形，果面光滑，果形美观，单果重10～15克，大小均匀，幼果有浅绿色果肩，成熟果鲜红色，色泽鲜艳。果肉脆嫩，风味浓郁，糖度在7度以上。不裂果，耐储运。

黄珍珠：无限生长类型，生长势中等。第一花序着生在第七或第八节上，以后每间隔3片叶着生1个花序，每花序着花8～12朵。果实圆球形，果形美观，单果重8～12克。大小均匀，幼果有浅绿色果肩，成熟果黄色，色泽鲜艳。味浓质脆，糖度在6度以上。抗裂耐压。适宜春露地及冬、春季保护地栽培。

亚蔬6号：从台湾引进的一代良种。果椭圆形，果色红亮，肉

脆嫩，风味绝佳。结果力强，产量高，甜度高而且稳定。高抗热、抗病虫，不裂果，夏季高温多雨季节也可获得丰产。

千红1号：无限生长类型。叶片小、稀疏，叶色绿。第一花序着生于第七或第八节，每隔3片叶着生1个花序，每花序着果30个以上。果实圆形，成熟后呈红色，皮薄，果味浓甜，平均单果重10克左右。中熟，抗病，耐热，适于日光温室越冬栽培、春秋露地栽培及越夏、秋延迟等多茬口栽培。

美味：无限生长类型。生长势强，主茎第七或第八节着生第一花序，以后每隔3片叶着生1花序，每穗坐果30～60个，坐果率高达95%。果实圆形，果色红，单果重10～15克，大小均匀一致，不裂果。果味甜酸可口，营养丰富，可溶性固形物含量为8.5%，每100克鲜重含维生素C 24.6～42.3毫克。抗烟草花叶病毒病和黄瓜花叶病毒病。适宜各地露地及保护地栽培。

新星：有限生长类型，早熟。果实成熟后变粉红色，枣形果，果实基部呈菱形，果肉较多，酸甜适中，抗病性强，保持期长，便于储存和运输。每穗可坐果15个左右，最高可达30个，平均单果重16克。适宜露地及保护地栽培。

樱红1号：一代杂交种，无限生长类型。生长势强，叶色浅绿，复总状花序，坐果率高，平均每穗25～60个果，经济性状好。果实圆球形，大红色，风味品质极好。单果重12～15克，可溶性固形物含量7%～9%，维生素C含量为普通番茄的2倍左右。高抗番茄枯萎病和病毒病，从播种至开始收获107天左右。适宜保护地和露地栽培。

（三）栽培技术

春季大棚番茄多层覆盖栽培，利用大棚加中棚加小拱棚加草帘、地膜的多层覆盖方式，可将番茄播种期向前提，茬口安排在冬春季节，因而上市期提前到3～4月份。既满足了广大消费者的需求，又可使种植者得到较高的经济效益。

1. 品种选择　应选用极早熟或早熟耐低温与弱光且抗病性强的品种，如中杂9号、浙粉202、合作906、佳粉15等优良品种。

2. 培育壮苗 盐城地区育苗一般在10月中下旬进行，利用10月份“小阳春”的好天气采用冷床或大棚育苗。一般育苗前2～3个月要配制好营养土，在营养土中按10∶1的比例加入人粪尿和少量的过磷酸钙。苗床管理以温度调节为主，水分供给为前多后少，注意加强幼苗锻炼等。为了保证幼苗期磷肥需要，在幼苗期可喷2%过磷酸钙溶液1～2次，即使室温稍低、光照较弱，幼苗仍能进行正常的花芽分化。幼苗在苗龄10天左右、其叶刚顶心时分苗1次，可使幼苗根系健壮。

3. 定植前准备 冬前深翻地24～30厘米，结合翻地每亩施有机肥500千克左右，将其翻入深层，立即整地做畦（垄）。定植时每亩可沟施有机肥2 500千克左右、过磷酸钙20～30千克。采用地膜覆盖，最好是全棚覆盖，以控制地面的水分蒸发，降低棚内空气湿度，从而减少病害的发生。

4. 定植与密度 定植期取决于大棚内的小气候条件。为了适时早定植，应在定植前15～20天扣棚烤地，10厘米地温稳定在8℃以上，并稳定5～7天后定植。一般多在11月中旬至翌年1月上旬定植。定植的密度通常每亩种植3 500～4 500株。

5. 多层覆盖增温保温防冻害 盐城地区1月上旬至3月上旬期间所处温度尤其是夜间温度较低，为满足番茄正常生长发育对环境温度的最低要求，并保证在遇寒流侵袭时不受冻害，必须采用多层覆盖来提高温度。在大棚内增设中棚，在中棚内扣小棚，在小棚上再盖草帘的四层覆盖，或在小拱棚内的植株上再浮面覆盖20克/米^{2}的无纺布，成为五层覆盖，则夜间保温效果更好。

6. 加强田间管理，促进早熟高产

（1）*加强田间温湿度管理* 番茄定植后要闷棚1周，以利提高温度。缓苗后应根据外界天气状况灵活掌握多层覆盖的揭盖时间，通常的做法是：上午先揭草帘，温度升高后，逐渐揭除小棚膜、中棚通风，如温度仍较高，就应适当揭开大棚膜通风降温；下午则应

注：亩为非法定计量单位，15亩=1公顷。

先放下大棚膜、中棚膜，再盖小棚膜，最后加盖草帘保温，使棚内白天保持在20～25℃，夜间15℃左右，以利花芽分化。通风时的通风量均应从小到大，逐步增大或减小，否则温度变化过于激烈，会影响植株生长。进入结果期后，白天保持25℃左右，夜温15℃左右（不低于13℃），土温20℃左右。

（2）*注重肥水管理*　在定植水充足的情况下，第一穗果坐住以前，一般不浇水，目的是控制地上部生长，促进根系发育。如发现地膜下不显水珠，可适量灌水。待第一穗果实长到核桃大小时，开始追肥灌水。追肥以淡肥为主，以水吊肥，常用淡水粪或500倍尿素溶液，最好再配合氮、磷、钾（如磷酸二氢钾加尿素）的根外追肥。施肥浇水均应在晴天上午9～10时以后进行，并保证在下午盖膜时叶面无水滴，以防病害发生。

（3）*整枝及激素处理*　为促进早熟，常采用单干整枝法，并根据要求留2～3层果后打顶，以集中养分，增加单果重，提高商品性。2月中下旬番茄开花后，要及时用番茄灵处理花朵，保证每个花序能结2～4个果实。但第一花序只宜结1～2个果，以免结果太多，影响植株营养生长。

7. 防病治虫　棚栽番茄因棚内湿度大、温度高，易发生病虫害。苗期主要防治猝倒病、立枯病、青枯病等，可用百菌清600倍液喷施防病；开花坐果期重点防治灰霉病、菌核病，可用速克灵1 000倍液或亩用20%速克灵、百菌清复合剂300克防治；结果后期用70%甲基托布津800倍液防治叶霉病和早疫病。在番茄整个生育期病害防治上要坚持以防为主，同时注意药剂交替施用。虫害主要是蚜虫和红蜘蛛，用灭蚜烟剂或治蚜一片净防治即可。

8. 及时采摘　及时采收，以确保产品品质，防止落果、裂果，并促进后期果实生长。为使番茄提早上市，也可在番茄长到颜色变白接近成熟时即白熟期时，用乙烯利进行点梗催熟，或将番茄摘下，放于1 000～2 000毫克/千克乙烯利液中浸一下，再置于25～28℃下让其自然成熟。

二、茄子多层覆盖极早熟栽培技术

茄子是茄科茄属多年生小灌木状草本植物，起源于亚洲东南热带地区。茄子在我国各地均有栽培，尤以东北地区、黄河与长江中下游地区及以南各地更为普遍。茄子以嫩果供食。茄子具有较高的营养价值和药用价值。其鲜果中含有较多的蛋白质、钙、铁等，还含有丰富的维生素P（药名叫“芦丁”），每100克紫茄鲜果中含量可达700毫克，是果蔬中含量最高的。维生素P可以增加毛细血管的弹性和细胞间的黏合力，对防止微血管破裂及对高血压、咯血、皮肤紫斑症患者均有相当补益。茄子还能降低血液中胆固醇的含量，对防止黄疸病、肝肿大、动脉硬化等有一定作用。

（一）生物学特性

1. 植物学性状 茄子的根系发达，木质化较早，再生能力较差，不易产生不定根，故不宜多次移植。

茄子的分枝很有规则，一般是往上一而二、二而四、四而八地延续分枝，这种分枝方式叫做“双杈假轴分枝”。

茄子的花为雌雄同株的两性花，呈紫色或淡紫色。根据花柱的长短，茄子的花可分为长花柱花、中花柱花和短花柱花3种类型。前2种能正常授粉受精，为健全花；而后一种因不能正常授粉受精，为不健全花。

茄子的果实为浆果。果肉主要由果皮、胎座和心髓等构成。其胎座特别发达，是幼嫩的海绵组织，用来贮藏养分和水分，这是食用的主要部分。茄子果肉幼嫩时带有涩味，是因为含有一种植物碱所致，经煮熟后可以消除。所以，茄子一般不适于生食。

茄子的种子千粒重为4～5克。茄子种子的生命力很强，在通常的室温下，只要种子干燥，可以保持5年的发芽能力，但生产上的使用年限为2年。

2. 对环境条件的要求 茄子是一种喜温性蔬菜。其生长发育

的适温为 25～30℃。如果在 17℃以下，则生育缓慢，花芽分化延迟，花粉管的伸长也大受影响，因而会引起落花。10℃以下会引起新陈代谢失调，5℃以下则开始遭受冻害。当温度高于 35℃时，花器发育不良，尤其在夜间高温的条件下，呼吸旺盛，碳水化合物消耗大，果实生长缓慢，品质变差。

茄子对光周期的反应不太敏感，但光照的强弱影响光合作用的效率。

茄子叶片大，蒸发量也大。一般而言，干燥的环境不利于茄子生育。但土壤也不能过湿，因湿度过大又容易导致病害发生。最适宜的相对湿度是 80%左右。

茄子是一种耐肥的蔬菜。茄子各生育期对养分的需求是越到生育盛期需求量越大，尤以钾和氮的需求表现突出。因此，在施肥时，一般几乎把全部磷肥用作基肥，而氮和钾只把其中的 1/3～1/2作基肥施，其余的作为追肥在必要时施入。

（二）主要品种

按植物学分为 3 个变种，即圆茄类、矮茄类和长茄类等。各有许多品种。

1. 圆茄　植株较高大，茎粗直立，叶面大而厚。果大，属"果重型"，纵径 15～16 厘米、横径 13～15 厘米，单果重 0.5～1 千克。果圆球形、长圆形至扁圆形，皮色黑紫、紫红、淡绿或白色，果肉坚密，品质佳，多为晚熟种，华北和西北栽培较多，如北京九叶茄、西安大圆茄。

2. 矮茄　植株矮小，叶身较小而薄，果实卵形或长卵形，如灯泡，长 15～20 厘米，直径 7 厘米，紫红或白色，皮厚，种子多而坚实，如长沙的乳白茄、湘早茄、北京灯泡茄、浙江金华白茄。

3. 长茄　植株中等，分枝多，叶较小而狭长。果实长棒形，长 20～30 厘米或更长，横径不过 4～6 厘米。皮薄，肉质柔嫩，单果重 50～60 克，属"果数型"，每株结果数多。南方栽培较普遍，如浙江宁波藤茄、杭州红茄，上海牛奶茄，江苏南京紫面茄、苏崎茄，四川成都竹丝茄，湖北武汉兰草花、墨茄等。

（三）栽培技术

茄子为长江中下游地区春季蔬菜主要种类之一，近年来，为提早上市，推广地膜、小棚、草帘、大棚的组合覆盖栽培方式，上市期比以前单纯的大棚覆盖栽培提前 2 个月，即 3 月上中旬上市，每亩产量 5 000 千克。其关键技术如下。

1. 品种选择 早春栽培宜选用耐低温、寡照的品种，如苏州牛角茄、苏崎茄、南京紫长茄、上海早茄、杭州红茄、西安绿茄等。生产者根据市场需求及自己的种植水平和习惯加以选择。

2. 适时播种 江苏省早春茄子多层覆盖极早熟栽培适宜播期为 9 月下旬。播种过早，幼苗过大不利冬季管理；播种过迟，后期温度低，幼苗太小，不利于早熟高产。用营养钵护根育苗，苗床一般采用大棚内套小棚、小棚上加盖草帘的覆盖方式。遇突发性寒流可用电热线、加热管道等设施加温，防止冻害、冷害发生。

3. 施足基肥 长龄大苗容易形成僵苗，所以为促使茄苗早生快发，应在定植前施足基肥。一般在定植前 2 个月，扣好大棚，每亩施入腐熟土杂肥 5 000～7 500 千克（或腐熟鸡粪 1 000 千克），饼肥 100 千克，磷酸二铵 20～30 千克，过磷酸钙 50 千克，氯化钾 20～30 千克。1～2 层果采收后，根据田间长势，适当追肥，一般每次每亩施尿素 10 千克，氯化钾 5～8 千克。

4. 多层覆盖 采用地膜、小棚、草帘、大棚组合的多层覆盖方式，增温保温效果好，可于 1 月下旬至 2 月上旬定植。一般大棚跨度 6 米，内跨两个小棚（跨度各 2.5 米），中间 0.5 米作为排水沟及走道（白天放置草帘），大棚两侧边缘各留 0.25 米间隙防寒。小棚内设置两个栽培畦，每畦栽两行。大棚内平均行距 75 厘米，株距 30～35 厘米，密度一般为每亩定植 2 500～3 000 株。也有农户每亩定植 4 000 株。密度不宜过大，否则易造成徒长，滋生病害。

5. 植株调整 茄子密度稍大能早熟丰产，但枝叶过密必须整

枝调整。整枝方法是：第一果以下的侧枝应打去，留主干与第一次分枝，上面发生的分枝都要摘除，形成双干整枝。强健的可再留一枝，每株茄子 3 个枝条。这样可以集中养料，促进早熟。整枝比不整枝的早 2～3 层花，多结 3～5 个果。适时采收，促进坐果，增加早期产量。一般 6 月中下旬每亩产量可达 5 000 千克。早春低温寡照，容易落花落果，为了保花保果，可用 50 毫克/千克防落素（PCPA）喷花。

6. 保温控湿　定植后 1 周内小棚不通风，但要揭帘，促进缓苗。以后坚持每天揭帘、揭膜（小棚膜）通风透光。晴暖天气大棚通风，低温阴雨天气也要坚持适当通风见光。一般白天温度控制在 25～32℃，夜间 15～20℃。根据这一原则，通常在 4 月下旬夜间可不再覆盖草帘，5 月中旬夜间可不再覆盖小棚膜。遇突发性寒流应加强覆盖，避免发生冻害、冷害。定植时浇一次定植水，以后适当控制浇水，田间缺水时采用“膜下暗灌”的形式灌水，避免大水漫灌降低土温，增加湿度，滋生病害，影响生长。

7. 防治病虫　早春大棚茄子主要病虫害为灰霉病、黄萎病、根腐病和茶黄螨等，采用综合防治的方法。化学防治可采用烟熏剂及 70％甲基托布津、70％克螨特等药剂进行防治。

8. 及时采收　茄子采收时间最好避开早晨，因为早晨植株水分足，枝叶脆，易折断或受损害。采收时用剪刀剪下茄子。早熟栽培的早熟品种从开花至始收嫩果需 20～25 天，有的品种只需 16～18 天，甚至更短。一般于定植后 40～50 天，即可采收商品茄上市。门茄宜稍提前采收，既可早上市，又可防止与上部果实争夺养分，促进植株的生长和后续果实的发育。及时采收、增加采收次数，是早熟栽培提高产量的一个重要措施，尤其是对小果型的品种增产效果更为明显。

三、辣椒多层覆盖早春栽培技术

辣椒，又叫番椒、海椒、辣子、辣角、秦椒等，为一年生或多年生草本茄科辣椒属植物。果实通常成圆锥形或长圆形，未成熟时呈绿色，成熟后变成鲜红色、黄色或紫色等，以红色最为常见。辣椒果实含有丰富的营养成分，每100克辣椒中含维生素C 185毫克、β-胡萝卜素0.73毫克、蛋白质1.6毫克、碳水化合物4.5毫克、钙12毫克、磷40毫克、铁0.8毫克。辣椒中的辣椒素，能增进食欲，还具有抗炎及抗氧化作用，有助于降低心脏病、某些肿瘤等风险。辣椒味鲜辣，可以生吃，也可以熟食，并可加工成辣椒酱等多种制品。

（一）生物学特性

1. 植物学性状 辣椒根系不发达，主要表现为主根粗，根量少，根系生长缓慢。根群主要分布在植株周围45厘米、深10～15厘米的土层中。露地栽培时株高多为40～60厘米。辣椒花为完全花，自花授粉，为常异交作物。果实为浆果，圆锥形，但在植株营养不良、夜温低、日照弱、土壤干燥或栽植过密时，果实的肥大会受到抑制，形成小果或僵果。辣椒种子呈扁平状，微皱，肾形，淡黄或乳白色。种子寿命一般5～7年，但使用年限仅为2～3年。

2. 对环境条件的要求 辣椒适宜生长发育温度为15～34℃。种子发芽适宜温度为25～30℃，发芽时间为5～7天，低于15℃或高于35℃时种子不发芽。苗期要求温度较高，白天25～30℃，夜晚15～18℃最好，幼苗不耐低温，要注意防寒。生长温度如果在35℃时会造成落花落果。辣椒既不耐旱也不耐涝，宜在土层深厚肥沃、富含有机质和透气性良好的沙性土或两性土壤中种植。辣椒生育要求充足的氮、磷、钾，但苗期氮和钾不宜过多，以免枝叶生长过旺。磷对花的形成和发育有重要作用，钾则是果实膨大的必需元素，生产中必须做到氮、磷、钾互相配合。

（二）类型与品种

辣椒依果形和果色分类主要种植种类有5种，其中盐城地区种植的主要有3种，即：

1. 长椒类 多为中早熟，植株、叶片中等大小，分枝性强。

按果形之长短，又可分为 3 个品种群：一是长羊角椒：果实细长，坐果数较多，味辣，如杭椒 1 号、宁椒 5 号等。二是短羊角椒：果实短角形，肉较厚，味辣，如豫艺墨秀、苏椒 5 号等。三是线辣椒：果实线形，较长大，辣味较强，可以干制、腌渍或者做辣椒酱，如益都红、线椒 2001 等。

2. 甜柿椒类　如苏椒 13、牟农 1 号等，江苏栽培较少。

3. 樱桃椒类　植株中等或较矮小，分枝性强。果实朝上或斜生，呈樱桃形，果色有红、黄、紫，极辣。如朝天椒、红爪辣椒等。

（三）栽培技术

辣椒有设施栽培和露地栽培，大棚栽培又有多层覆盖越冬栽培、多层覆盖早春栽培和秋延后栽培，现就多层覆盖早春栽培技术介绍如下。

1. 育苗

（1）品种选择与播期　要求选择耐低温、耐弱光、抗病、高产、商品性好的品种，主要有墨秀大椒、苏椒 5 号、苏椒 11 等。播期掌握在 9 月底至 10 月上旬，苗龄 50～60 天。

（2）苗床准备　采用穴盘轻基质育苗，一般每亩大田需准备 70 孔塑料穴盘 60～70 张，用配好肥料的有机无机育苗基质 6～7 袋（容积 50 升/袋），备种子 40 克。

（3）育苗技术要点　①拌料：将基质喷洒水，搅拌均匀。②装盘压穴：将拌好的基质装入穴盘中，铺平压实，上放置空穴盘压穴。③播种：播种前晒种 1～2 天，去除破籽、秕籽及杂质，每穴播种 1～2 粒。④盖播：播种后用原配制好含水的基质覆盖穴盘内种子。⑤布盘：排放已播种的穴盘，双盘排列，宽 110 厘米左右，长度不限。⑥补水封棚：用小孔喷壶喷洒 30％苗菌敌 1 000倍液，将基质喷湿透，尔后在穴盘上覆盖地膜，并关闭大棚增温保湿。

（4）苗床管理　出苗前棚温保持 28～32℃，幼苗顶出基质 70％时揭开地膜，适当补水，确保齐苗、全苗。全苗后保持白天

22～25℃，夜间18～20℃。

(5) 苗期病虫防治　苗床基质发白时适量补水，并注意喷洒75%百菌清600～800倍液，防治苗期霜霉病等病害。

2. 定植

(1) 定植时间　一般11月底至12月初抢晴好天气进行定植。

(2) 整地施肥　在定植前15～20天（11月上旬），每亩基施商品有机肥300千克或腐熟鸡粪1 000～2 000千克，45%氮磷钾复合肥50千克加硫酸钾15～20千克，一般将肥料的2/3普施耕耙，1/3施入定植行间。

(3) 搭建大棚　采用塑料"大棚＋中棚＋小拱棚＋地膜"四层覆盖。定植前1周搭大棚，首先新建或修建大棚架子，盖上大棚膜，围好四周裙膜。定植前一天，在定植畦上铺双色地膜，打出定植孔穴。定植后先搭好小棚，增盖小棚膜，随后再搭好中棚架子，增盖中棚膜。要求内层大棚宽4.5米，顶膜宽5米、裙膜宽1米；外层大棚宽5米，顶膜宽6米，裙膜宽1米；内外大棚顶层农膜间距20～25厘米、底边农膜间距15～20厘米。

(4) 定植方法　以棚内地温稳定在10℃以上的晴天上午10时至下午4时定植为好，一棚两畦，每畦宽200厘米，畦间沟宽30～40厘米、深20～25厘米，每畦4行。一般行距45～50厘米，株距30～35厘米，每亩栽4 000穴。

3. 大田管理

(1) 温湿度管理　定植后浇足底水，封好定植孔，并在畦面搭建小拱棚。一般定植后5～6天内，白天不通风或少通风，保持白天棚内气温30℃左右，促进缓苗。缓苗后，应及时通风散湿，前期上午棚内气温上升到25℃时开始放风，下午降到25℃时闭棚，白天棚内气温掌握在25～30℃，夜间不低于13℃。越冬期间，注意防风灾、雪灾、冻害。特别是天气预报外界夜温极端值降到零下8℃，则要认真检查大棚四周，不能漏风。立春后气温回升，进入开花结果期，白天最高温度不超过35℃，夜晚不低于15℃。3月底至4月初撤去小棚，5月上旬撤去内层中棚。外界气温稳定在

18℃以上时，保留顶膜，撤去裙膜，昼夜通风。

(2) 株型调整　门椒采收前，应及时打掉门椒以下部位的侧枝和腋芽，生长中后期剪去下部部分侧枝，改善通风透光条件。

(3) 肥水运筹　在施足底肥的基础上，门椒采收前不追肥、不浇水。门椒采收后，根据长势，每采收1～2次，适当进行根外叶面喷肥1次，通常采用0.5%尿素+0.3%磷酸二氢钾混合液喷雾。开花结果盛期，在青椒行间每亩追施45%硫酸钾复合肥20～25千克加尿素10～15千克。遇到持续高温干旱天气，及时引水抗旱。

(4) 保花保果　青椒容易落花落果，定植后可喷施3 000～4 000倍的植物多效生长素液，或2 000倍绿之宝液，或2 000倍液的天达2 116等。开花后可用180毫克/千克辣椒专用防落素喷花，或用25～30毫克/千克的番茄灵点涂花器能起到很好保花保果的作用。

(5) 病虫防治　灰霉病、菌核病发病后易出现落花落果、烂枝现象，可选用65%甲霉灵可湿性粉剂800～1 000倍液，或40%施佳乐600～800倍液喷雾防治；也可选用15%腐霉利烟剂每亩250～300克于傍晚闭棚熏蒸（注意小棚内不能使用，否则易产生药害）。褐斑病用40%福星5 000倍液喷雾防治。对于烟粉虱、蚜虫，可以选用70%宝贵水分散粒剂5 000倍液+0.5%虫螨立克1 000倍液，均匀喷雾防治；也可用异丙威烟剂每亩250克熏蒸。茶黄螨为害青椒后幼叶叶缘下卷，背面呈褐色油渍状，严重时顶芽干枯，应及时选用15%扫螨净乳油2 000倍液喷雾防治。

4. 采收上市　因门椒坐果期间正值隆冬，气温偏低，易形成僵果，应及早摘除。生长瘦弱的植株，可提早采收青果，而对生长旺盛甚至有徒长趋势的植株，可延迟采收，控制茎叶生长。无论是采收青果或是红果，门椒都要尽量早摘，产量高峰期1～2天采收1次。

四、辣椒秋延后栽培技术

大棚种植秋延后辣椒，能使辣椒延迟到元旦、春节采收上市，每亩辣椒产量在 2 000 千克左右，投资少，见效快，效益高。具体技术如下。

（一）育苗

1. 品种选择与播期 品种可选用苏椒 5 号、洛椒 4 号、豫艺墨秀、湘研 10 等。6 月中下旬至 7 月中旬播种，苗龄 30 天左右。播种前 1～2 天，选晴天晒种，注意不要烫坏种子。后将种子置于 55～60℃温水（2 杯热水加 1 杯凉水）中浸泡 15 分钟，沥干，再加水浸泡 4～8 小时。后用干净水洗净种皮上的黏质，洗净后的种子用 0.5%～1%的高锰酸钾浸泡 15 分钟灭菌，清洗后准备播种。

2. 苗床准备 采用穴盘轻基质育苗，一般每亩大田需准备 70 孔塑料穴盘 60～70 张，用配好肥料的有机无机育苗基质 6～7 袋（容积 50 升/袋），备种子 40 克。

3. 播种育苗 参照春提前穴盘轻基质育苗方式，注意改双大棚多层覆盖，为"一网一膜"小拱棚育苗，并通过向棚上遮阳网喷洒凉水降温保湿。

4. 苗床管理 出苗前棚温控制在 25℃以下，幼苗顶出基质 70%时揭除地膜，适当补水，确保齐苗、全苗。全苗后保持白天 22～25℃，夜间 18～20℃。

5. 苗期病虫防治 苗床基质发白时适量补水，使湿度保持在 80%左右，并注意喷洒 64%杀毒矾 500 倍液、75%瑞毒霉 1 000 倍液，防治苗期猝倒病等病害。

（二）定植

1. 定植时间 一般于 7 月底至 8 月初抢晴好天气进行定植。

2. 施肥建棚 提前半个月建起大棚，只盖顶膜。在定植前 15～20 天（7 月上旬），每亩基施商品有机肥 300 千克或腐熟鸡粪 1 000～2 000千克，45%氮磷钾复合肥 50 千克加硫酸钾 15～20 千克。定植棚内的土壤要在定植前用土壤灭菌处理剂绿享一号 4 000 倍喷洒，进行消毒处理。6 米宽大棚作三畦，中间畦沟宽 40 厘米、深 15 厘米。

3. 定植方法　选阴天或晴天下午定植，株行距30～35厘米见方，边栽边浇定根水，并及时铺地膜保湿促早发。

（三）大田管理

1. 温度　幼苗定植后的一段时间，棚内气温偏高，要通风降温，棚内温度白天控制在25～30℃，夜间15～18℃，此期若天气多台风暴雨，要盖严棚膜防雨。9月下旬至10月初天气转凉，夜间要盖严棚膜，并注意补加裙膜。扣棚要逐渐进行，切不可一下子将全棚扣严。扣棚初期通风量要大，夜间也不闭严，防止高温高湿，减轻病害。到10月中旬以后，当夜温降到10℃以下时，即应加盖草帘，使夜间小拱棚温度不低于15℃，有利于开花、授粉、坐果和植株生长。到11月中旬以后天气渐渐寒冷，应加覆二道棚及中棚，注意防冻。白天通风时间逐渐变短，通风量逐渐变小。

2. 肥水管理　定植后浇足底水，缓苗期不用浇水，以后及时进行中耕。缓苗后出现缺水现象需进行小水淹浇，结合浇水每亩追施硫酸铵10千克或碳酸氢铵20千克作为提苗肥。辣椒始果坐住后，适当浇水，经常保持土壤湿润，以后随着通风量减少，土壤水分散失速度慢，浇水间隔适当延长，但仍需保持土壤湿润。初果期和盛果期可各追肥1次，每亩追复合肥100～15千克。

3. 植株调整　应将门椒以下的腋芽全摘除，生长势弱时，第1～2层花蕾应及时摘掉，以促进植株营养生长，确保每株都能多结果、增加产量。10月下旬到11月上旬植株上部顶心与空枝全部摘除，减少养分消耗，促进果实膨大。摘顶心时果实上部应留两片叶。另外，也可用35～40毫克/升防落素保花保果。

4. 病虫害防治　对于辣椒疫病可用58%露速净或可鲁巴500倍液浇根和用75%增效百菌清500倍液、50%扑海因800倍液等交替喷雾，每7～10天全株喷药1次，共2～3次。对于辣椒病毒病，在做好用10%的磷酸三钠消毒种子的同时，苗期做好诱蚜防蚜工作，当幼苗出土后，用纱网小拱棚笼罩，并喷40%乐斯本2 000倍液消灭有翅蚜，防止传毒。发病初期，喷20%病毒A 400

倍液、植病灵800倍液和抗病毒灵500倍液，如加600倍液细胞分裂素混合喷洒，防效更佳。对烟粉虱、蚜虫、茶黄螨、红蜘蛛等虫害的防治关键是尽早发现，及时喷药防治。

（四）采收

秋延后辣椒结果集中，无需整枝，一般到11月中旬基本长成。以后温度降低，生长缓慢，使长成的辣椒留在植株上保鲜。每天揭盖小拱棚上的薄膜、草帘，使之见光增温，延迟到元旦、春节时采收。

第四章　瓜类蔬菜多层覆盖栽培技术

一、西瓜双大棚多层覆盖栽培技术

西瓜，属葫芦科西瓜属一年生蔓性草本植物。西瓜果瓤脆嫩，味甜多汁，含有丰富的矿物盐和多种维生素。据测定，每100克西瓜中含蛋白质0.6克，碳水化合物5.8克，维生素A75毫克，维生素C6毫克，胡萝卜素450毫克，钾87毫克，钙8毫克，磷9毫克，铁0.3毫克。西瓜清热解暑，对治疗肾炎、糖尿病及膀胱炎等疾病有辅助疗效。果皮可腌渍、制蜜饯、果酱和用作饲料。种子含油量达50%，可榨油、炒食或作糕点配料。

（一）西瓜的生物学特性

1. 植物学性状　西瓜为主根系，主根深度在1米以上，根群主要分布在20～30厘米的根层内，根纤细易断，再生力弱，不耐移植。幼苗茎直立，4～5节后节间伸长，5～6叶后匍匐生长，分枝性强，可形成3～4级侧枝。叶互生，有深裂、浅裂和全缘。雌雄异花同株，主茎第3～5节现雄花，5～7节有雌花，开花盛期可出现少数两性花。花冠黄色，子房下位，侧膜胎座。雌、雄花均具蜜腺，虫媒花，花清晨开放下午闭合。果实有圆球、卵形、椭圆球、圆筒形等。果面平滑或具棱沟，表皮绿白、绿、深绿、墨绿、黑色、黄色等，间有细网纹或条带。果肉有乳白、淡黄、深黄、淡红、大红、橙色等色。肉质分脆密和沙瓤。种子扁平，卵圆或长卵圆形，平滑或具裂纹。种皮白、浅褐、褐、黑或棕色，单色或杂色。种子千粒重：大籽类型100～150克，中籽类型40～60克，小籽类型20～25克。

2. 对环境条件要求 西瓜喜温暖、干燥的气候，不耐寒，生长发育的最适温度24～30℃，根系生长发育的最适温度30～32℃，根毛发生的最低温度14℃。西瓜在生长发育过程中需要较大的昼夜温差，较大的昼夜温差能培育高品质西瓜。西瓜耐旱，不耐湿，阴雨天多时，湿度过大，易感病，产量低，品质差。西瓜喜光照，在日照充足的条件下，产量高，品质好。西瓜适应性强，以土质疏松，土层深厚，排水良好的沙质土最佳。喜弱酸性，pH5～7为适。西瓜生育期长，产量高，因此需要大量养分。每生产100千克西瓜约需吸收氮0.19千克、磷0.092千克、钾0.136千克。但不同生育期对养分的吸收量有明显的差异，发芽期占0.01%，幼苗期占0.54%，抽蔓现蕾期占14.65%，开花结果期是西瓜吸收养分最旺盛的时期，占总养分量的84.8%。因此，随着西瓜植株的生长，需肥量逐渐增加，到果实旺盛生长时，达到最大值。

（二）品种类型

西瓜以用途不同，可分为果用（普通）西瓜和籽用西瓜两大类，以普通西瓜比较常见。

以瓜型大小又分为小型礼品西瓜（是指单瓜重不超过2.5千克的西瓜）、中型西瓜［指单瓜重在2.5～5千克的西瓜，如早佳（8424）、京欣等］、大型瓜（指单瓜重在5千克以上的西瓜，如庆红宝、王中王等）。其中小型西瓜在生产上又分为五类：①圆形花皮红瓤或花皮黄瓤：如红小玉、小兰等；②椭圆形花皮红瓤：如京秀、喜春、好运来等；③圆形黄皮红瓤：如金珠等；④黑皮红瓤：如黑美人、黑珍珠等；⑤小型无籽西瓜：如甜宝小无籽等。

以其特殊用途又分为有籽西瓜、无籽西瓜、嫁接专用西瓜等。

（三）栽培技术

1. 育苗

（1）品种与播期　小果型礼品西瓜品种可选择早春红玉、特小凤、小兰、京阑等。中果型品种可用京欣2号、早佳（8424）、超级冬春等。大果型可用黑美人、墨童等。无籽西瓜可用暑宝、花蜜

无籽等。一般于 12 月至次年 1 月播种，每亩用种量为 250～300 克。进行浸种催芽，苗龄 30～35 天，以 2 叶 1 心以上为适宜定植苗。

（2）苗床准备　在大棚内应用电热线（每平方米 80～100 瓦）及穴盘轻基质育苗，每亩备 70 孔穴盘 12 张，每 1 000 株苗约需要有机无机复合基质 90 升。也可采用钵径 8 厘米无底塑料纸钵加营养土的方法，注意把营养土装满纸钵，轻轻揿实后，整齐排放在苗床内，每亩大田需做足 6 米^2 苗床（700 只营养钵）。

（3）苗床管理　出苗前白天保持 28～32℃、夜晚 20～22℃。播种后 2～3 天要及时查看苗情，当种子有一半左右出土时，及时揭去地膜，使小苗见光绿化，以防形成高脚苗。此外，见有子叶戴帽出土，要及时人工“脱帽”。子叶展平到破心后白天保持 22～25℃、夜晚 15～18℃，避免温度过高形成高脚苗；出真叶时适当提高温度，白天保持 25～27℃、夜晚 19～20℃。苗期适当补水，水温 30℃。移栽前 5～7 天适度降温控湿，避免温度过高、湿度过大形成旺长苗。

（4）苗期病虫害防治　适时喷洒 75％百菌清可湿性粉剂 800 倍液＋70％甲基托布津可湿性粉剂 800 倍液，预防早春低温高湿引发苗期病害。

2. 定植

（1）定植期　在 2 月上中旬，大棚地下 10 厘米处土温在 12℃以上，外界最低气温在 8℃以上时定植。

（2）双大棚的建造　宜选择 3 年内未种过瓜类且无污染源的沙壤土栽培。定植前 30 天搭建双大棚，覆盖无滴膜，提高地温。双大棚为南北走向，外棚应用钢管或竹木材搭棚架，拱杆入土深30～40 厘米，外棚底宽 5～6 米为宜，拱间距外棚 1 米，内棚则为 3 米左右，内外大棚底边间距 15～20 厘米，内外大棚顶层膜间距20～25 厘米，棚高与底边跨度比例为 1∶2.5，大棚长度 50～120 米。与此同时，健全四周排水沟系。

（3）整地施肥　选择土质疏松、透气性好的沙质土地。以含沙量30%～40%的黑土地种瓜最好。黏土地增加中耕次数，提高土壤的通透性，最好于秋冬季翻地。定植前10天在棚内做畦，每棚两畦，中间走道0.5米。每亩用96%金都尔50毫升或48%仲丁灵（地乐胺）100毫升对水40千克均匀喷洒畦面，预防杂草，然后在预留定植行旁顺行铺滴管，并在畦面平铺地膜，预热土壤。

提倡全层施肥法，冬前结合挖翻冻垡整地，每亩施腐熟鸡粪1 500～2 000千克，腐熟棉籽饼或菜籽饼200～250千克，翻入底层；上层肥为过磷酸钙50千克、45%硫酸钾复合肥50千克（忌用氯化钾）。

（4）定植方法　定植选择在冷尾暖头的晴好天气进行，一般采用地爬式栽培，大果型品种每亩定植600株左右，中果型品种每亩定植700～750株，小果型品种每亩定植800～1 000株。定植后浇足缓苗水，封好定植孔，搭小棚架，覆盖小棚薄膜，密闭大棚，形成“双大棚＋小棚＋地膜”四膜覆盖。

3. 大田管理

（1）温湿度管理　根据西瓜生育进程和天气变化情况，及时揭、盖薄膜，调节棚内温度。西瓜苗定植后5～7天，保持日温28～30℃，夜晚16～18℃；缓苗后营养生长阶段保持日温26～28℃。缓苗后，当棚温达20℃以上，揭去小棚膜。棚温超过30℃，选择背风处开大棚通风降温。棚温超过35℃，应掌握逐步通风降温，防止降温过快造成伤苗。下午棚温30℃左右时关闭通风口，阴天和夜间仍以覆盖保温为主。开花结果期棚温保持30～32℃；果实发育及成熟期最低气温20℃，最高不超过35℃。一般头批瓜上市撤去内层大棚。需要注意的，外界气温25℃以上时，可撤下外大棚围裙膜，但外大棚顶膜不宜撤去，以免遇上连阴雨天气造成西瓜裂果。

（2）肥水调节　在第二雌花授粉后，幼瓜开始膨大时，用硝酸钾1千克或磷酸二氢钾1千克＋复合肥10～15千克，每隔7～10天冲施1次。叶面喷施浓度为0.3%的磷酸二氢钾。幼瓜膨大期遇持续干旱天气，要注意适量浇水或膜下软管滴灌抗旱。长季节栽培

第一批瓜采摘后，应在瓜墩内侧地膜下追肥，每亩用商品有机肥4千克+硫酸钾镁5千克，采瓜前7天停止施肥。以后每采一次西瓜施一次肥。

（3）植株调整　小型西瓜前期长势弱，果型小，适宜留多蔓结多果。通常整枝方式有两种：一是留主蔓整枝法，即除留主蔓外，再选留基部2～3条强壮子蔓，摘除其余子蔓和孙蔓，最后保留3～4个蔓整枝。其优点是雌花出现早，能提早头批瓜上市时间。第二是摘心整枝法，于主蔓5～6片真叶时摘心，子蔓抽生后保持4～5个生长相近的子蔓平行生长，其余子蔓或孙蔓全部摘除。该法的优点是各子蔓间雌花出现节位相近，开花结果较一致，果型整齐，便于结瓜期管理。中果型西瓜采用一主一副双蔓整枝法。长季节栽培也可在西瓜定植后，将第6～8节的第一雌花及早摘除，留第二雌花。采用三蔓整枝法，在根部选2个健壮侧蔓加主蔓。理蔓于下午进行，避免伤及蔓上茸毛或花器。主蔓长60厘米左右开始整枝，去弱留壮。坐瓜后西瓜至碗口大小后不再整枝。

（4）保花保果　小型西瓜第一茬在第11～13节处留2个瓜，早春由于气温低，难坐瓜，除人工授粉外，可用坐果灵强制坐瓜。并在西瓜鸡蛋大时滴灌2～3次微补根力钙1千克或钙宝1 000～1 500倍液，预防裂果；或在西瓜鸡蛋大小时根外叶面喷施微补硼力1 000倍液+微补盖力400倍液2～3次，预防裂瓜、空心瓜。第一批瓜通常选择第二雌花进行人工授粉，授粉在晴天上午8～10时进行，授粉均匀，同时要作标记，不得漏授，以免空株，确保株株结瓜。第二茬瓜则在第二雌花后5～6节位选留，如割蔓再生则同样选留第二雌花进行人工授粉。第三茬则任其自然结果。或在第一批瓜坐住后，在坐瓜节位外选留1～2个健壮孙蔓，以后孙蔓见雌花就应授粉，应坚持天天授粉。提高坐果率。每个侧蔓选留1个瓜形圆整、瓜毛分布均匀的西瓜，将其余瓜摘除，第三、四、五批瓜的留瓜方式同第二批瓜。值得注意的是大面积栽培“红玉”西瓜，应搭配种植能提供足够花粉的生育期相仿的花皮西瓜品种。西瓜坐果后，要注意疏果、摘除畸形果，一般头批瓜每株选留1个。

（5）病虫防治　选择抗病品种，注意轮作换茬。西瓜在结瓜初期若发生枯萎病，应及时应用40%杜邦福星乳油20毫升+50%多菌灵可湿性粉剂400克对水160千克进行灌根，每株250毫升，可有效预防枯萎病。在结瓜期间遇上连续阴雨天气时，要选用45%百菌清烟剂或15%腐霉利烟剂每亩250克进行熏蒸，防治菌核病、灰霉病；喷洒75%百菌清可湿性粉剂800倍液+70%甲基托布津可湿性粉剂800倍液，防治疫病、炭疽病。一旦发现蚜虫与烟粉虱为害，则选用70%宝贵（吡虫啉）可湿性粉剂5 000倍液+0.5%虫螨立克（阿维菌素）乳油1 000倍液喷杀。

4. 适时采收　长季节双大棚西瓜早春栽培，一般头批瓜3～4月份坐瓜，35～40天后可以采收，以后随气温升高，第2～3批瓜大概在授粉后25天左右成熟。西瓜采摘后，及时分级、贴上商标、套袋、包装上市。

二、大棚厚皮甜瓜栽培技术

甜瓜原产于亚欧大陆和非洲大陆。我国栽培的甜瓜有五个变种，分别是薄皮（普通）甜瓜、网纹甜瓜、硬皮（哈密）甜瓜、越瓜、菜瓜，其中，网纹甜瓜、哈密甜瓜同属高度进化的厚皮甜瓜，含酸量低，口味甘甜，深受消费者喜爱。据测定，甜瓜果实干物质含量为6%～18.5%，其中含总糖为4.6%～15.8%，果酸0.054%～0.128%，果胶0.8%～4.5%，纤维素和半纤维素2.6%～6.7%。每100克果肉中含维生素C为29～391毫克，蛋白质0.5克，脂肪0.1克，糖类7.7克，钾190毫克，钙4毫克，镁19毫克，磷19毫克，胡萝卜素920微克。成熟的甜瓜除含糖量高外，还含有乙酸乙酯和乙醇、乙烯等，能散发出浓郁的芳香气味。甜瓜果肉性寒，味甘，具有止渴、除烦热、利小便等功效。目前，厚皮甜瓜已进入全球十大水果之列，在消费市场的推动下，国内一大批新兴的厚皮甜瓜生产基地迅速崛起，我国厚皮甜瓜生产已进入一个新的发展阶段。

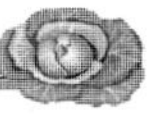

（一）生物学特性

1. 植物学性状　厚皮甜瓜根系较发达，主根深入土层可达 1 米，侧根水平展开，长 2～3 米，主要分布在土壤表层 0～30 厘米的土层中。茎蔓生，茎蔓节间除着生叶柄外，叶腋着生幼芽、卷须和雌花（雄花）三种器官，主蔓长势较弱，侧蔓长势十分旺盛，长度往往超过主蔓。叶互生，叶柄短，叶片圆形或肾形，不分裂或有浅裂，叶色为浅绿色至深绿色。雌雄同株异花作物，雄花全是单性花，雌花大多为具有雄蕊的两性花，柱头外围着生 3 个雄蕊，位置低于柱头，若无昆虫传播花粉，仍不能自花结实。果实为瓠果，分为果皮和种腔两部分，果皮由外果皮和中内果皮构成，中内果皮由富含水分和可溶性糖的大型薄壁细胞组成，为甜瓜的可食部分。种子为扁平窄卵圆形，大多为黄白色。

2. 对环境条件的要求　厚皮甜瓜是最喜温耐热的作物之一，极不耐寒，遇霜即死。其适宜生长温度，白天为 25～30℃，夜间为 16～18℃。对低温反应敏感，白天 18℃，夜间 13℃以下时，植株发育迟缓。其生长的最低温度为 15℃，10℃以下时停止生长，5℃时易发生冻害。

厚皮甜瓜是喜强光性作物，光饱和点为 5.5 万～6 万勒克斯，光照不足，植株生长发育受到抑制，果实产量低、品质低劣。

厚皮甜瓜要求较低的空气湿度和较高的土壤湿度，适宜的空气相对湿度为 50%～60%。不同生育期对土壤湿度的要求不同，幼苗期应维持土壤最大持水量的 65%，伸蔓期为 70%，果实膨大期为 80%，结果后期为 55%～60%。

（二）主要品种

1. 玉姑　农友种苗（中国）有限公司选育的一代杂种。早熟，生育强健，抗枯萎病。雌花多，着果容易，果实高球形，果皮白色，果面光滑或有稀少网纹，果肉淡绿色，肉厚，种子腔小，糖度高而稳定，肉质柔软细腻，高温期昼夜温差小的季节，糖度及品质仍相当稳定，耐贮运。开花后约 38～45 天成熟，单瓜重 1.2～1.8 千克，折光糖含量通常在 15%～18%。

2. 蜜天下 农友种苗（中国）有限公司选育的一代杂种。植株生长强健，较“蜜世界”早熟，耐蔓枯病。果实高球形，成熟果表皮淡白色，果面有稀少网纹，果肉淡绿色，子室小，肉极厚，折光糖含量14%～17%，风味甜美。开花后40～45天果实成熟，单果重1.5千克左右，果实不脱蒂，耐贮运性强。刚采收时肉质较硬，约经5～6天存放，待果肉软化后食用，汁水丰多，无渣，入口即化。果实后熟愈久，汁水愈多，愈芳香甜美。

3. 雪里红 新疆哈密瓜研究中心选育的哈密瓜品种。早中熟。长势强。果实长椭圆形，果皮白色，偶有稀疏网纹，成熟时白里透红，果肉浅红，肉质细嫩，松脆爽口，中心折光糖含量15%左右。果实发育期40天左右，单瓜重1～2.5千克，耐贮运。

4. 黄皮9818 新疆哈密瓜研究中心选育的哈密瓜品种。中熟。植株生长势较强，耐湿、耐弱光，抗病性较强。果实卵圆形，果皮灰黄色，方格网纹密而凸，肉色橘红，质地细，稍紧脆，中心折光糖含量16%以上。果实发育期45天，单瓜重1.5～2千克，耐贮运。

5. 西博洛托 日本八江农园株式会社选育的一代杂种。中早熟。叶片小，主枝粗壮节间短，侧枝坐果性好，坐果率极高。果实为高圆形，果皮纯白有透明感，果肉白色，肉厚3～3.5厘米，糖度稳定在15%～16%，口味极佳。开花后40天左右成熟，单果重1.1千克，耐贮运。

（三）栽培技术

江苏沿海地区一般6月下旬进入梅雨季节，雨水增多，温差变小，不利于厚皮甜瓜的生长，早春大棚厚皮甜瓜应安排在梅雨来临前采收结束。在大棚多层覆盖保温效果能够满足厚皮甜瓜生长的前提下，播种越早，上市越早，效益越高。其栽培技术如下：

1. 育苗

（1）品种及播期 江苏沿海春季适合厚皮甜瓜栽培的时间只有5～6个月，因此，选择的厚皮甜瓜品种既要早熟、抗病、低温下坐果好，同时又要考虑消费习惯，选择商品性状好的品种。采用

“双大棚＋小棚＋地膜”四膜覆盖栽培或“大棚＋三层小棚＋地膜”五膜覆盖的，可在12月底至1月初播种，电热线育苗，1月底至2月上旬定植，3月下旬坐瓜，5月中旬始收，6月下旬前基本结束。采用大棚＋小棚＋地膜覆盖的，可在1月底至2月初播种育苗，2月下旬至3月上旬定植，4月下旬坐瓜，5月底至6月初采收，6月中下旬采收结束。

（2）育苗条件 厚皮甜瓜育苗多采用穴盘基质育苗技术。苗床一般建在钢架大棚内，采用大棚＋小棚两层覆盖，小棚夜间加盖草帘。穴盘选用50孔规格。播种前，先将基质浇上水，拌匀，含水量以用手紧握、指缝间有少量水渗出为宜；将拌好的基质装入穴盘，铺平，一层一层上下码好，从上往下均匀用力，在穴盘上压出播种孔，将按常规催好芽的种子播进播种孔，每穴1粒，然后用干基质盖好，放入铺好电热线的苗床，依次盖上旧地膜、小棚膜，小棚夜里加盖草帘保温。苗床60%种子出苗后，及时揭去旧地膜。

（3）床温管理 采取变温管理，播种后温度稍高，白天30℃，夜间20℃；出苗50%后揭开地膜，齐苗后适当降温，白天25～28℃，夜间16℃；现第一片真叶时加温，白天30～32℃，夜间20℃。为保持苗体平衡，二叶一心时，可以将边上的苗移到畦中间。移栽前7天左右炼苗，白天25℃以下，夜间15～16℃。水分管理要根据苗龄大小、天气情况、基质水量灵活掌握，一般基质现白时，用30℃左右的温水，傍晚前后用喷壶喷洒。

（4）壮苗素质 茎粗壮，节间短，苗敦实；叶色深绿，有光泽；根系发达，完整，白色；子叶完好，有3～4片真叶；无病虫害。

2. 定植

（1）整地作畦 前茬多采用水稻茬口，其优点是土传病虫害较轻，种植甜瓜风险小；缺点是土壤板结，肥力差，须提前深翻，施足基肥，改良土壤。越冬前，预先在瓜行下开沟深翻，沟宽最少60～80厘米，深40～50厘米，将土分层放置于沟两侧，严寒期进行冻晒，定植前1个月上大棚膜增温。为满足甜瓜根系生长及不同时期的需肥需要，分层回土，分层施肥。先将挖出的沟底土回填，施入70%腐熟有机肥，翻倒1遍，与土壤混匀，然后浇足底水；水渗下后，将上层土再回填，把剩下的有机肥撒入，翻倒均匀后浇水，以浇透回填土为准；最后将硫酸钾复合肥等化肥撒入翻匀，耧平后做成馒头形高畦，中间高15～20厘米，随后盖地膜，扣小棚，准备定植。一般每亩施肥量为脱水鸡粪或生物有机肥300千克，磷酸二铵20千克，硫酸钾复合肥40千克，硼肥1千克，锌肥1千克。

（2）搭建大棚　为实现大棚厚皮甜瓜抢早上市的目标，生产上多采用大棚多层覆盖栽培技术。外层采用4.5～6.5米跨度的钢架大棚，内层采用简易竹架大棚，用6～7米的竹子相向搭建而成，内棚架间距可以大一点，一般3～4米插一拱架，内外大棚相隔20～25厘米，大棚内再建宽2.5米左右小棚，以利保温。

（3）及时定植

1）定植期　大棚内10厘米深地温稳定在14℃以上，气温不低于13℃时定植。定植宜选择无风、晴天的上午进行，阴天、有寒流的天气不能定植。采用“双大棚＋小棚＋地膜”四膜覆盖栽培或“大棚＋三层小棚＋地膜”五膜覆盖的，一般在立春前后定植。

2）密度　采用双蔓整枝，爬地栽培。春季厚皮甜瓜叶片小，密度可适当加大，每亩800株左右。6米宽钢管大棚，一棚可分为两小畦，畦宽3米，瓜苗栽在畦中间，瓜蔓向两边生长，株行距1.5米×0.25～0.3米。4.5～5米宽竹木大棚，一棚分为两畦，畦宽2米，沟宽30厘米，瓜苗栽在棚中部畦沟边，分别向大棚两边生长，行株距2米×0.3～0.35米。

（4）大棚管理

1）棚温管理　厚皮甜瓜苗期能耐40℃的高温，35℃能正常生长，故定植后至开花前，大棚可以不通风或小通风；伸蔓期生长适宜的日温为25～30℃，夜温16～18℃；结果期以日温27～30℃、夜温15～18℃、昼夜温差达13℃以上为适宜。具体操作上，晴天一般上午棚温达到23℃时揭膜通风，下午棚温降到25℃时闭棚保

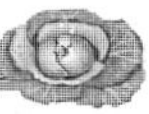

温；阴雨天也要注意短时间通风排湿。通风口要由小到大，逐步加大通风量，坐果后期可以昼夜通风，人为增加温差，提高甜瓜品质。

2）整枝打杈　幼苗3～4叶摘心，子蔓15厘米时选蔓，子蔓20～25叶摘心，第一次坐瓜在9～12节，第二次坐果在19～22节。结果孙蔓以下的子蔓尽早摘除，结果孙蔓上雌花未开放前留2叶摘心，以促进坐瓜。非结果孙蔓留1叶摘心，或适度摘除部分侧枝。开花后，上午8～10时人工授粉或用高效坐瓜灵喷花。幼瓜长到鸡蛋大小时选瓜留瓜，应选择果形稍长、发育正常的幼瓜，每蔓留1个瓜，隔8～9节可再留1个二茬瓜。

3）肥水管理　甜瓜定植后及时浇足活根水，活根水可用敌克松600倍液或多菌灵800倍液加爱多收3 000倍液对温水配成，每棵浇约0.5升。定植成活后，可酌情浇1次缓苗水，水量不宜过大。坐瓜后，果实有鸡蛋大时，重追膨瓜肥，每亩可施硫酸钾复合肥30千克或尿素10千克、硫酸钾15千克，结合追肥，浇足膨瓜水。果实成熟前10天，停止浇水，防止影响甜瓜品质。

4）保花保果　大棚厚皮甜瓜生长在相对封闭的环境中，没有昆虫授粉，不能自然坐果，必须通过人工授粉或植物生长调节剂处理，才能正常坐果。由于人工授粉用工量大，操作繁琐，生产上已很少选用，逐步被植物生长调节剂处理代替，可选用0.1%的高效坐瓜灵（氯吡脲）喷花。喷花时间要避开高温时段，防止造成畸形果或裂果。一般在上午9时前或下午4时以后喷花。

（5）主要病虫害防治　早春大棚厚皮甜瓜前期病害较轻，开花坐果后，病害逐步加重。主要病害有霜霉病、白粉病、蔓枯病等，如防治不及时，往往造成较大损失，严重时失收。播种前，种子要进行温汤浸种或药剂处理；移栽前喷1次保护性药剂；定植时结合浇定根水，用爱多收6 000倍液加50%多菌灵500倍液灌根；生长期间，交替喷施大生、达科宁、阿米西达、克露、世高、甲基托布津等药剂预防病害，开花前每隔15～20天喷施1次，授粉后，7～10天1次；发现蔓枯病病株，可用50%敌克松可湿性粉剂50倍液加入 0.1%高锰酸钾涂抹在病部周围，每隔 3 天左右涂抹 1 次，共 2～3 次，效果显著。大棚厚皮甜瓜生长后期易发生蚜虫、斑潜蝇、白粉虱等虫害，可用黄板诱杀，每亩放置 25～30 块。药剂防治可用 25%扑虱灵可湿性粉剂 2 500 倍液、20%灭扫利乳油 1 500～2 000倍液、1.8%爱福丁乳油 3 000 倍液、2.5%功夫菊酯乳油 2 500～3 000 倍液交替喷施。

3. 适时采收 厚皮甜瓜成熟时比较明显，一般坐瓜后 40 天左右，当瓜柄附近叶片发黄、卷须干枯、瓜皮褪毛、皮色发亮时采收，采收后及时上市。

三、西葫芦大棚多层覆盖长季节栽培技术

西葫芦，又称美洲南瓜，属葫芦科南瓜属一年生草本植物。原产北美洲南部，今广泛栽培。虽有蔓生与矮生之分，但目前栽培的几乎全部是矮生种。西葫芦虽属喜温蔬菜，但有较好的抗寒性，生长温度要求较低，不仅可以露地栽培，而且较适合于保护地栽培。西葫芦中含有较多维生素 C、葡萄糖等营养物质，尤其是钙的含量极高。每 100 克可食部分（鲜重）含蛋白质 0.6～0.9 克，脂肪 0.1～0.2 克，纤维素 0.8～0.9 克，糖 2.5～3.3 克，胡萝卜素 20～40 微克，维生素 C 2.5～9 毫克，钙 22～29 毫克。中医认为西葫芦具有清热利尿、除烦止渴、润肺止咳、消肿散结的功能。可用于辅助治疗水肿腹胀、烦渴、疮毒以及肾炎、肝硬化腹水等症。西葫芦含有一种干扰素的诱生剂，可刺激机体产生干扰素，提高免疫力，发挥抗病毒和肿瘤的作用。西葫芦以嫩果炒食或作馅，也可做汤。西葫芦香甜可口，一般人都可食用，是南北方居民较为喜爱的瓜类蔬菜之一。

西葫芦为瓜类中耐低温弱光性较强的种类，是人们喜爱的蔬菜品种，不但可以露地栽培，而且较适于保护地栽培。普通栽培易发生根系老化、植株早衰现象，生长期短，产量普遍较低，严重影响了生产效益。采用“双大棚＋双中棚＋小棚＋地膜”的五棚六膜覆

盖栽培方式（见图 1），9 月份栽培西葫芦，随西葫芦主蔓不断延伸，摘除老叶，采用吊蔓方法，使植株保持直立状态，直到翌年 9 月腾茬时，植株仍正常生长发育。每亩产量达 15 000 千克，产值在 4 万元以上，实现了大棚西葫芦优质高效长季节栽培。

（一）生物学特性

1. 植物学性状　西葫芦根系发达，吸收水、肥能力强，具有一定的耐干旱和耐瘠薄的能力。茎矮生或蔓生，五棱，多刺。叶硬直立，粗糙，多刺，宽三角形，掌状五裂，叶色绿或深绿。雌雄异花同株，花单生，黄色。雄花喇叭状，裂片大，萼片多紧缢，雌花萼筒短，萼片渐尖形。西葫芦以采收嫩果供食用，形状、大小和颜色，因品种的不同而有差异。果面平滑，皮绿、浅绿或白色，具绿色条纹。成熟果黄色，蜡粉少。种子扁平灰白色或黄褐色，种子千粒重 140～170 克。种子寿命一般 4～5 年，生产上利用的年限为 2～3 年。

2. 对环境条件的要求

（1）温度　西葫芦在瓜类蔬菜中是相对比较耐寒而不抗高温的蔬菜。不同生育阶段对温度的要求不同，种子发芽的适温为 25～30℃，温度低于 20℃时，可以发芽，但极为缓慢，而且发芽率明显降低，根系生长不良，形成弱苗、畸形苗；温度在 30～35℃发芽虽快，但易徒长，形成“豆芽”苗，幼苗也不壮。幼苗期最适温度为 18～25℃。开花结果期适温为 22～28℃，低于 15℃受精不良，生长缓慢，8℃以下停止生长；在 32℃以上的高温条件下花冠不能正常发育，40℃以上停止生长。长期高温的炎热气候易使西葫芦发生病毒病。开花坐果期最适温度是 22～28℃。根系生长的最适温度为 25～28℃，根毛发生的最低温度为 12℃。因此，温室栽培西葫芦，地温必须稳定在 12℃以上才能定植。西葫芦不耐霜冻，0℃即会冻死。但西葫芦的苗期耐低温能力明显高于开花结瓜期的植株。

（2）水分　西葫芦具有发达的根系，具有较强的吸水和抗旱能力，但由于移栽时主根受损伤，再加上其硕大的叶片，蒸腾作用强，仍要求比较湿润的土壤条件，故仍需要大量的水分。西葫芦生长发育的不同时期对水分的要求不同，幼苗期应适当控制水分，否则易引起茎叶徒长，严重影响正常结瓜和产量，必须加强水分管理。西葫芦要求土壤相对含水量在70%～80%之间，空气相对湿度过大，雌花开花时，影响正常的授粉受精，从而导致畸形瓜，还可诱发许多病害的发生和蔓延。因此，保护地栽培条件下，应设法减少地面水分蒸发，采取地膜覆盖、勤放风或使用吸湿剂等方法来降低空气相对湿度。

（3）光照　西葫芦属短日照作物，低温、短日照有利于雌花的提前出现，结瓜早且数目多。长日照下有利于茎叶的生长。光照条件反应最敏感的时期是1～2片真叶展开期，一般矮生类型对日照时数的反应较迟钝，而蔓生类型比较敏感。每天8～10小时的短日照条件可促进雌花的发生，但少于8小时的日照对未受精的雌花坐果不利。雌花开放时给予11小时的光照有利于开花结果。因此，在幼苗期每天保证8～10小时的日照，可以多形成雌花芽。初花期保证11小时的光照，可使西葫芦多结瓜。在冬、春季节塑料棚室的光照条件下，西葫芦也能比较正常地开花结瓜。而遇有连阴天，光照严重不足，强度弱，日照时数又少，植株则会出现生长发育不良，表现为徒长，叶色淡，叶片薄，叶柄长而细，常易引起烂瓜，致使结果数减少。

（4）土壤和营养　西葫芦根系强大，吸收能力强。适应性也较强，对土壤要求不严格，不论沙土、沙壤土、黏土都能正常生长发育。但作为高产种植栽培，仍以选择肥沃疏松、保水、保肥能力强的沙壤土为好。西葫芦喜微酸性环境，pH在5.5～6.8之间最为适宜。西葫芦吸肥能力强，若氮素化肥使用过多，极易引起茎叶徒长，导致植株细弱、落花落果，抗病虫害能力减弱，故必须氮、磷、钾均衡使用。每生产1 000千克西葫芦大约需要氮3千克、磷1千克、钾4千克。对西葫芦这种连续采收嫩瓜的蔬菜来说，开花期和结果期适当供给充足的氮肥，能促进茎叶增长，扩大同化面积；中期磷、钾的吸收量逐渐增大；结果期氮、磷、钾的吸收达到

高峰。所以要根据植株生长的不同时期的需肥要求，保证足够合理的肥料供应，以获得优质、高产。

（二）栽培技术

1. 培育壮苗

（1）播前准备 采用穴盘基质育苗或营养钵育苗。采用穴盘基质育苗需购买优质商品基质，采用营养钵育苗需配制营养土。营养土配制方法：用5年内未种过瓜类作物的菜园土与优质腐熟厩肥（用量占30%）均匀拌和。制钵前60天提前起堆、覆盖薄膜，使营养土进一步熟化。

（2）品种选择 选择耐低温弱光、早熟、品质佳、商品性好、产量高的西葫芦品种，如黑美丽、法国冬玉、法国纤手等。

（3）适期播种 播种时间以9月上旬为宜，11月上旬进入采瓜期，12月下旬进入盛瓜期，这样冬前可以形成一定的产量。播种过早，病毒病重，不利于培育壮苗，不利于长季节栽培。

（4）催芽播种 用60℃热水浸种，不断搅拌，当水温降到30℃时，用清水淘洗种子后浸种6小时，让种子充分吸水后捞出稍晾，用湿毛巾包起，在25～30℃条件下催芽30小时左右，待芽长2～4毫米时即可播种。播种前先在穴盘（或营养钵）内装50%的基质（或80%的营养土），浇足水，待水渗下后，把催芽的种子1穴（钵）播1粒，最后覆盖基质（营养土）。这样可保证种子发芽所需的水分和氧气。再在育苗穴盘（或营养钵苗床）上盖1层地膜保湿。

（5）苗期管理 播种后3～5天可出齐苗，50%的种子出苗时揭除地膜。白天温度控制在20～25℃，夜间10～15℃，加强通风，防止发生病害。注意防治蚜虫，防止苗期病毒病的发生。由于底水充足，苗期一般不再浇水。温度管理正常时，如出现苗子叶片小、黑绿、无光泽、生长缓慢现象，则是肥多或缺水表现，要及时补充水分，但浇水要在晴天上午进行，浇透即可。第二片真叶展平后，喷1次0.2%的磷酸二氢钾。苗龄20天左右移栽。

2. 整地定植

（1）*田块处理*　选择近2～3年未种过瓜类作物，土壤病菌基数低、线虫少的田块作为定植大田。如选用近期种过瓜类的田块，则应在定植前进行土壤处理，具体方法有水旱轮作、翻田后暴晒、高温闷棚、药剂熏蒸消毒等，以保证田块适合西葫芦长季节栽培。

（2）*整地施肥*　深翻土壤，耕深25厘米以上，每亩要求施入充分腐熟优质农家肥1 000～2 000千克（或腐熟鸡粪1 000千克）、磷酸二铵20～30千克、过磷酸钙70千克、硫酸钾15～20千克。采取沟施和普施相结合的方法，过磷酸钙宜集中施入，按80厘米行距做畦并覆盖地膜。

（3）*合理密植*　西葫芦长季节栽培密度不宜过大，采用80厘米×50厘米行株距，每亩保苗1 600株。适度稀植，一是有利于通风透光，减少病虫害的发生；二是有利于田间作业，减少对植株的损伤。

3. 田间管理

（1）*初期管理*　定植到结瓜需18～25天。定植后浇透水，3～5天不通风，以高温促缓苗。新叶开始生长，说明已缓苗，这时要适时通风，白天最高气温不超过25℃，夜间最低气温不低于15℃，促使植株生长健壮。

（2）*温、湿度调控*　正常生长情况，温度白天控制25～30℃、夜间15～20℃。当外界气温下降到12℃时，为夜间密闭大棚临界温度指标，应及时增加覆盖。一般按外层大棚→地膜→内层大棚→小棚→内层中棚→外层中棚先后顺序覆盖。外层大棚棚架用优质钢架，棚膜用优质长寿无滴膜，内层大棚棚架用简易钢架或竹竿，棚膜用旧膜或地膜，中棚、小棚均用竹竿作棚架，用地膜作棚膜。棚架可多年使用，内层棚膜仅使用1季。大棚多层覆盖长季节栽培比普通大棚栽培每亩增加投资500元左右（地膜及内层棚架折旧）。与“大棚＋小棚＋草帘＋地膜”覆盖栽培方式相比，并不增加劳动力。在盐城地区最寒冷季节，采用“双大棚＋双中棚＋小棚＋地膜”的五棚六膜覆盖方式，夜间棚内温度最低在10℃以上，一般短时间最低温度不低于5℃，基本可满足西葫芦冬季生长对温度的最低要求。即使低温阴雨天气也要坚持通风透光，减少病害发生。最寒冷季节，棚内温度低，水分蒸发量小，植株需水量小，应减少浇水。高温季节 6～8 月采用遮阳网覆盖，可降低温度和光照强度，延长采收期。

(3) 熊蜂、蜜蜂或人工辅助授粉　花期利用熊蜂、蜜蜂或人工辅助授粉。人工授粉最佳时间为上午 8～10 时，授粉时首先察看雄花是否产生了花粉，可用手指抹一下雄花花蕊，发现手指尖有黄粉末，即有成熟的花粉，然后将雄花取下，去掉花瓣，对准雌花柱头轻轻摩擦，要使柱头受粉均匀，否则容易长成畸形瓜。1 朵雄花可授 1～2 朵雌花。也可使用保果宁等生长调节剂保花。具体方法：选择晴天上午 9～10 时，用 1 支毛笔蘸药后，1 个瓜蘸 1 下，第一次快速在柱头上涂抹 1 下，第二次在幼瓜身上由尾部向瓜长把方向轻轻涂抹，即完成了整个工序。不要在阴雨天和下午进行，一是效果不好，二是坐果率太低，还容易产生畸形瓜。

(4) 疏花疏果　人工授粉同时，将过多雄花和雌花及时疏除，提高坐果率，促进幼瓜发育膨大。应及时摘除由于养分供应不足而造成部分黄化的幼瓜，以减少养分损失，也可避免病害传播。中后期若雄花过多也应摘除。

(5) 摘叶吊蔓　植株 8～10 片叶时，每株用 1 根绳，绳下端用木桩固定在地面或系在西葫芦茎基部，随着蔓的生长，将绳和蔓互相缠绕在一起即可。西葫芦生长期长，后期植株进入衰老期，若主蔓老化或生长不良，可选留 1～2 条侧蔓待其出现雌花后，将原主蔓剪去，促进侧蔓结瓜。及时将病、残叶及下部枯黄老叶摘除，以免引发病害和消耗过多养分。西葫芦以主蔓结瓜为主，因而应保持主蔓生长优势，尽早抹去侧芽。卷须生长亦消耗养分，应尽早去除。剪枝疏叶后应在伤口处喷洒农用链霉素，防止伤口感病。

(6) 适时追肥　结瓜前不追肥，结瓜初期不追或少追肥。进入盛瓜期后追肥应掌握少追勤追的原则，根据植株长势，结合浇水一般 20～30 天追肥 1 次，每次施尿素 10～15 千克、硫酸钾 5～10 千克，一般先穴施，后浇水。西葫芦需钾肥多，追肥应注意氮、磷、钾配施。盛瓜期和后期可根外喷施0.2%的磷酸二氢钾液或其他叶面肥液。

(7) 病虫防治　病虫防治是否得当决定大棚西葫芦长季节栽培能否成功。大棚西葫芦的主要病害是病毒病、白粉病和灰霉病，主要虫害是蚜虫。病毒病用20%病毒A可湿性粉剂500倍液，或1.5%植病灵乳剂400～500倍液交替使用，隔10天喷1次，连续2～3次。白粉病发病前用45%百菌清烟剂预防，每亩用0.1～0.2千克，分放在棚内4～5处，点燃闭棚熏1夜，次晨通风，隔7天熏1次，共熏3～4次；发病后可用40%杜邦福星乳油8 000倍液喷雾防治，尽量不用粉锈宁防治，避免出现药害。灰霉病用70%速克灵1 000倍液喷洒，或用5%多霉灵粉尘剂喷施防治。蚜虫可选用吡虫啉防治，每7～10天喷雾1次，连喷2次。

(8) 适时采收　根据消费习惯，一般盛瓜前期采收标准是单果质量500～600克，中期700～800克。天气好、水肥足、植株生长旺盛，单株可同时结3～4个瓜。要加大通风，重施水肥，及时采收。盛瓜期时间长短与管理技术有关，水肥不足、温度过高、病虫严重、采收偏晚等都会使植株早衰，盛瓜期缩短。6月份如果市场行情不好，价格低，可拉秧结束栽培；如果市场行情好，销售价格高，可加强田间管理，采收期延长至9～10月，甚至更长。每亩产量在15 000千克以上。

四、黄瓜大棚多层覆盖栽培技术

黄瓜又叫胡瓜，一年生攀缘性草本植物，是葫芦科甜瓜属中幼果具刺的栽培种，我国普遍栽培。幼果脆嫩，每100克鲜果含水分94～97克、碳水化合物1.6～4.1克、蛋白质0.4～1.2克、钙12～31毫克、磷16～8毫克、铁0.2～1.5毫克、维生素C 4～25毫克。此外，还含有葡萄糖、鼠李糖、半乳糖、甘露糖、果糖、多种游离氨基酸以及挥发油、葫芦素、黄瓜酶等，具抗癌、养颜、降糖、减肥、健脑作用，可提炼制药。适生食、熟食或腌渍，是主要

蔬菜之一。

（一）生物学特性

1. 植物学性状　黄瓜的根由主根、侧根、须根、不定根组成。属浅根系，主要集中于30厘米的土层。茎蔓性，中空，4棱或5棱，生有刚毛。5～6节后开始伸长，不能直立生长。真叶为单叶互生，呈5角形，长有刺毛，叶缘有缺刻，叶面积较大。第三片真叶展开后，每一叶腋均产生卷须。钟状花，雌雄同株异花，虫媒花。假果，果面平滑或有棱、瘤、刺，果形为筒状至长棒状。黄瓜的食用器官是嫩瓜，通常开花后7～15天采收。种子为长椭圆形，扁平，黄白色，一般每个果实有种子100～300粒，种子千粒重16～42克。种子寿命2～5年，生产上采用1～2年的种子。

2. 对环境条件要求　黄瓜属喜温暖作物，生长的适宜温度为15～32℃，10℃停滞生长，5℃受冻害，0℃致死。种子萌芽期要求不低于12～13℃，适宜温度为28～32℃；幼苗期，白天的温度不应超过24～28℃，夜晚不应低于12～17℃；开花结果期，白天温度不低于20℃，25～30℃温度条件下果实生长最快。黄瓜对土壤水分条件的要求较严格，生长期间需要供给充足的水分，但根系不耐缺氧。土壤pH以5.5～7.2为宜。黄瓜生长期长，需肥量大，以基肥为主，并在生长期间多次追肥。黄瓜是耐弱光的蔬菜，可四季栽培，比较适于保护地栽培，不超过10～12小时的短日照条件，有利于黄瓜雌花的形成，长日照有利雄花的形成。

（二）主要品种

1. 水果黄瓜　上海市农业科学院由以色列引进的水果型光皮无刺黄瓜一代杂交新品种。属强雌性系，对气候不敏感，四季均可栽植，高抗病，丰产优质。瓜长18厘米左右。单瓜重在150克左右，瓜条直，果肉厚，内腔室小，无刺光滑，瓜色碧绿，口味清香、脆甜可口，适宜冬春大棚保护地及夏秋露地栽培。对枯萎病、霜霉病、白粉病、病毒病具较强的抗性。

2. 津盾10-12　是最新育成的黄瓜品种。突出特点：抗病强，产量高，短瓜把，色泽亮丽。主蔓结瓜为主，瓜码密，回头瓜多，瓜秧生长速度快，丰产潜力大，早熟性好，耐低温、弱光，高抗霜霉病、白粉病、枯萎病。瓜条顺直，皮色深绿，光泽度好，瓜把短，刺密，无棱，瘤小，瓜长 33～35 厘米，单瓜重 200 克左右。果肉淡绿色，商品性佳。生长期长，不易早衰，适宜越冬、早春温室和春大棚栽培。

3. 冬春 3 号 植株生长紧凑，长势旺盛，叶片中等，叶色深绿，主蔓结瓜为主，有回头瓜，高抗枯萎病、立枯病、霜霉病、白粉病，每亩产量高达 30 000 千克。该品种瓜条顺直，色泽光亮深绿色，刺密把短，果肉脆嫩，瓜长 32～46 厘米，单瓜重在 250 克左右，在 8 月 30 日至来年 3 月 30 日前均可播种，苗龄 35 天左右，每亩栽植 3 000 株左右。

（三）栽培技术

1. 品种的选择 选适于盐城地区大棚多层覆盖的高产、优质、抗病、耐低温品种，如水果黄瓜、津盾 10 - 12、冬春 3 号等。砧木选色泽鲜艳、有光泽、贮存 1 年的云南黑籽南瓜种子。

2. 适时育苗

（1）种子处理 每亩用种 100～150 克。播前用 55℃的热水温汤浸种，不断搅拌让其自然冷却，搓掉种皮黏液，浸泡 4 小时后，再用干净的湿布包好种子，置于 25～30℃温度下催芽 1.5～2 天，待 70%的种子“露白”后即可播种。黑籽南瓜每亩用种 1.5 千克。放在 50℃水中不停搅拌至水温降至 25℃，浸泡 10～12 小时，催芽播种。

（2）播种 黄瓜多采用穴盘基质育苗，将苗床设置在温室中部，苗床面积根据用苗量而定，一般在 9 月底至 10 初播种，苗龄 35～45 天。播前要浇足水，盖籽后覆地膜，加盖拱棚。播种后，白天温度保持在 28～30℃，夜间 18～20℃以上，当种子大部分顶土时，揭去地膜，齐苗后，揭开拱棚晒床，用 95%恶霉灵 3 000 倍液喷洒苗床，防苗期病害。

（3）嫁接 黄瓜嫁接方法主要有靠接法和插接法两种。靠接

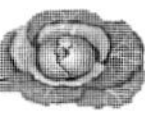

法：黑籽南瓜较黄瓜晚播 5 天左右。黄瓜苗播种后 8～9 天，第一片真叶半展开、茎粗 0.4～0.6 厘米，株高 8～9 厘米；南瓜苗出土 1～2 天，子叶刚展开、茎粗 0.4～0.6 厘米时靠接为好。嫁接后管理：嫁接好的苗子立即栽到苗床内，浇足底水，扣小拱棚，及时覆盖遮阳网遮阴。3 天后逐渐见光，适宜温度 25℃，到第 10 天完全见光。12 天后断黄瓜根，断根后仍采用遮阴法，使苗逐渐接受光照。在管理上需要 2～3 次断根。断根后形成了伤口，容易受病菌感染，在伤口、嫁接口以下的根系易出现病害，应及早防治。插接法：黑籽南瓜提前 2～3 天或同期播种；黄瓜播种 7～8 天后嫁接，即南瓜子叶展开，新叶刚刚显露，黄瓜子叶刚刚展开为嫁接适期。嫁接后管理：关键是接后前 3 天的湿度管理，不能让接穗萎蔫太厉害。插接法避免了断根的工序，成活后即可定植，其他管理同靠接法。

（4）炼苗　当苗长到 3～4 片真叶、株高 10～15 厘米时定植。在定植前 7～10 天进行低温炼苗，撤去苗床上的覆盖物，适当控水，温度降至 7～8℃。

3. 定植

（1）施肥整地　移栽前，要进行整地、施肥、作畦，清除前茬残枝落叶，亩施腐熟优质有机肥 2 000～3 000 千克，硫酸钾 20 千克，45%的优质复合肥 30 千克，撒入温室栽培畦面摊平，然后深翻入土，浇透水一次，墒情适宜时深翻细耙整平，使肥料充分混入土壤中，按大行距 80 厘米，小行距 40 厘米种植组合开沟，作马鞍形畦，畦高 25 厘米，畦面宽 80 厘米，畦沟宽 40 厘米，株距 25～30 厘米，每亩可定植 3 000～4 000 株。

（2）扣棚定植　定植前 10～15 天扣棚膜，扣膜后高温闷棚5～7 天。定植时上好草帘备用。选晴天上午 10 时至下午 2 时定植为好。按 25～30 厘米株距定距打塘，然后摆苗，浇足定植水和缓苗水（浇水时最好对多菌灵）后封土、覆盖地膜。

4. 定植后管理

（1）防止伤口感染　定植时注意覆土要在嫁接口以下，定植后苗高35厘米时去掉嫁接夹（靠接），在嫁接口涂抹甲基托布津等杀菌剂，以防伤口感染。

（2）温度管理　缓苗期白天25～30℃，夜间22℃，最低不低于18℃，利以缓苗，促进新根生长。缓苗后，白天20～25℃，夜间15～18℃。开花坐果期，白天25～28℃，夜间12～22℃，早上不低于8℃。结果期，白天25～32℃，夜间14～22℃，早晨不低于8℃。上午25℃时开始放风，下午25℃时关闭风口，气温最好不超过30℃。揭盖草帘的时间：晴天上午8时揭帘，下午温度降到14～16℃时盖帘；阴天比较暖和时，一般在上午9时揭帘，下午温度降到12℃时盖帘；遇到寒冷天气上午10时揭帘，下午温度降到10℃时放帘。12月上旬进入寒冷季节，草帘上要加盖防雨膜，做好防寒沟，以增强保温效果。

（3）肥水管理　黄瓜在浇足底水的基础上，浇好定植水，浇透缓苗水。此后一直不浇水，当根瓜长到10厘米左右时，开始浇第一水，采瓜前期7～10天浇一水；采瓜盛期4～5天浇一水；采瓜后期7～10天浇一水。但浇水既讲原则也要灵活，要看天、看地、看苗情浇水。根瓜10厘米时，结合浇水，每亩追施磷酸二铵或尿素15千克，以促秧结瓜。结果前期每15～20天追肥一次，每次每亩追磷酸二铵、尿素或硫酸钾15千克；结瓜盛期，每10天追肥一次，每次每亩追尿素或硫酸钾10～15千克。在冬季放风少的季节要进行二氧化碳施肥。在不能浇水的情况下，可进行叶面追肥，如尿素、磷酸二氢钾、红糖等营养液。

（4）植株调整　当瓜秧长到6～7片叶时，及时吊蔓，打去侧枝、卷须和雄花蕾，减少养分消耗，同时及时将下部的老黄叶片、病枯叶片摘除，改善通风透光条件。

（5）病虫害防治　对于霜霉病，每亩用45%百菌清烟雾剂200～250克，晚闭棚点燃熏1夜，次日早晨通风，连续3～5次；或用72.2%霜霉威可湿性粉剂600～800倍液或72%锰锌·霜脲可湿性粉剂500～700倍液交替喷雾，连续喷3～4次。对于细菌性角斑病，可用72%农用链霉素可溶性粉剂4 000倍液或

77%可杀得可湿性粉剂500倍液交替喷雾防治，连喷3～4次。对于美洲斑潜蝇，可用43%灭蝇杀单可湿性粉剂或1.8%阿维菌素乳油3 000～4 000倍液喷雾防治，4～5天喷1次，连续喷药3～4次。

（6）及时采收　根瓜要及早摘除，只要达到商品成熟度即可采收。遇降温、连阴雨、雪天等天气应提前采收。畸形瓜应及早摘除。

五、大棚丝瓜多层覆盖极早熟密植栽培技术

丝瓜为葫芦科攀缘草本植物，国内外均有分布和栽培。果实所含各类营养在瓜类蔬菜中较高，所含皂甙类物质、丝瓜苦味质、木胶、瓜氨酸、木聚糖和干扰素等具有一定的特殊作用。以嫩果供食，炒食或煮汤皆可。每100克丝瓜含蛋白质1.4克，脂肪0.1克，碳水化合物4.2克，粗纤维0.46克，钙26毫克，磷41.8毫克，铁0.74毫克，胡萝卜素0.3毫克，硫胺素0.04毫克，核黄素0.06毫克，尼克酸0.46毫克，抗坏血酸7.2毫克。

（一）生物学特性

1. 植物学性状　丝瓜根系分布深广，再生能力强。茎蔓性，四棱，长4～6米，有的长达10米以上。叶为掌状或心脏形，3～7裂，叶脉放射状。花黄色，在下午4～5时以后开放。普通丝瓜果实从短圆柱形至长棒形；有棱丝瓜果实长棒形，具有棱角，有皱纹。果实绿色，果实长度因品种不同差异很大，长的达2米。成熟果可入药。种子黑色或灰黑色，千粒重100～180克。普通丝瓜种皮较薄，表面光滑；有棱丝瓜种皮较厚，表面有皱纹。

2. 对环境条件的要求　种子发芽适温25～35℃，茎叶生长和开花结果都要求较高温度。果实发育适温24～28℃。丝瓜在15℃左右生长缓慢。短日照能降低雌花着生节位，生长以高温短日照为好。耐高湿，喜欢空气湿度较大和土壤水分充足的环境。含较多有机质和保水力强的黏性土壤适合丝瓜生长。

（二）类型与品种

丝瓜属中作为蔬菜栽培的有普通丝瓜和棱角丝瓜两个变种。

1. 普通丝瓜 果实不具棱，皮光滑或细皱纹，长条圆筒形或棍棒形，密生绒毛。叶多深裂。种子扁平而光滑，有规状边缘，黑色或白色。按果实长短可分为长果形、中果形和短果形三种，南北各地均有栽培。

（1）长果形 果细长在70～150厘米以上，如杭州葫芦青、黄皮丝瓜，合肥丝条，云南线丝瓜，南京蛇丝瓜及浙江丽水、温州青顶白肚皮丝瓜，福建泉州、龙岩长条丝瓜等。

（2）中果形 果长在30～70厘米，如广东长度水瓜，武汉白玉霜、青皮丝瓜，长沙白丝瓜，福建永安绵瓜等。

（3）短果形 果长30厘米以下，如长沙肉丝瓜、湖北棒槌丝瓜、成都肉丝瓜、广州短度水瓜、云南和上海香丝瓜、浙江巨县玉罗、福建莆田丝瓜、厦门四寸瓜。品质较好，纤维少、肉厚。

2. 棱角丝瓜 果实具棱，果形较短，一般长20～60厘米，有长圆锥形或棍棒形，不具绒毛。叶不深裂。种皮略厚而突起，种子黑色，无明显边缘。如福建漳州短条十念瓜、漳平和大田的角瓜、南平棱丝瓜，广东青皮丝瓜、西增长丝瓜、硬皮丝瓜、乌耳丝瓜，浙江温州八棱瓜，以福建、广东栽培较多。

3. 设施栽培主要品种

（1）早优1号 第一雌花节位7～8节，以后每节着生一雌花。瓜条匀直，表皮翠绿色，蜡粉厚，商品瓜长26厘米左右，横径7厘米左右，单瓜重约500克，一般每亩产量5 000千克左右。该品种对瓜类霜霉病、疫病和白粉病有较强的抗性，耐低温，较耐热。

（2）新早冠406 极早熟，耐低温、弱光性好，品质优，早期产量高。5～6节着生第一雌花，以后每节一瓜，瓜长40～45厘米，横径5～6厘米，瓜色深绿，有厚厚的白色蜡粉层，口感鲜，味微甜。适合早春保护地或早春露地栽培。

（3）兴蔬美佳 特早熟，第一雌花节位6～8节，属肉丝瓜类型，连续坐瓜能力特强，瓜长28厘米左右，瓜径6厘米左右，单

瓜重 300 克左右，商品性特佳。

(4) 兴蔬早佳　特早熟，第一雌花节位 8 节左右，坐瓜能力特强，瓜绿色带微皱，瓜长 32 厘米，瓜径 6 厘米左右，单瓜重 420 克左右，花蒂保存时间长，商品性很好。

(5) 江蔬 1 号丝瓜　长棒形，长 40～50 厘米，横径 3.5～4.5 厘米，粗细匀称，瓜皮鲜绿色，瓜肉绿白色、香嫩。主要作早春保护地和露地早熟栽培，也可作秋冬日光温室栽培。

(三) 栽培技术

利用大棚多层覆盖技术，即由地膜、小拱棚、草帘、大棚组合覆盖方式进行丝瓜早熟栽培，当年一举获得成功。丝瓜的上市期比原露地栽培提早 1 个月到 1 个半月，一般在 4 月上旬即可上市，亩产量达 5 000 千克左右，亩产值在 8 000 元以上，大大提高了农民的收入水平。

1. 选用品种、培育壮苗

(1) 选用品种　选择第一雌花节位低、雌花节率高、连续坐果率高、单瓜质量较大、耐低温弱光能力强、瓜条匀称、瓜皮色泽好、口感及风味佳的品种，如江蔬 1 号丝瓜、五叶香丝瓜及早杂和早冠系列丝瓜等。在不同地区相互引种时，应以同纬度地区间引进为宜。从南方向北方引种时，应引进早熟、对日照长短不敏感的品种。

(2) 培育壮苗　大棚丝瓜栽培最好采用电热线育苗，播种期一般安排在元月中旬。将精选的种子在 55℃热水中烫 10～15 分钟，然后浸种 6～10 小时，用湿布包好，白天保持 25～30℃、夜间 18～20℃，不可低于 15℃，出苗后温度要适当降低。待瓜苗第一片真叶展开时，将其移入装有营养土的塑料营养钵中，这样有利于培育壮苗。移苗要在晴天上午进行，边移植边浇水。移苗后浇足水，盖上薄膜，3 天不揭膜，以保持温度，促进缓苗。活棵后逐渐通风，进行炼苗。当苗有 3 片真叶时即可定植。苗龄一般控制在 40 天左右，最长不超过 45 天，防止幼苗根系老化形成僵苗。

2. 整地扣棚，合理密植

（1）整地扣棚　栽培大棚丝瓜应选择疏松、肥沃、保肥保水力强的壤土为宜，避免重茬。耕翻晒垡后，每亩施腐熟的有机肥5 000千克、饼肥100千克、过磷酸钙50千克、复合肥60千克，整地筑畦，筑成畦宽90厘米、沟宽40厘米的深沟高畦，以利排灌。大棚膜、地膜宜在定植前1周覆盖好，大棚膜最好选用7～8米宽的聚乙烯长寿无滴膜。

（2）合理密植　一般大棚丝瓜定植密度较高，主要是为了确保前期产量，增加效益。定植期大多在2月下旬，一般采用双行栽植，大行距80厘米左右，小行距40厘米左右，株距35～40厘米，亩栽3 000株左右。由于移栽时外界气温较低，故大棚内一般要套两个3米宽的小棚，并在小棚上覆盖草帘，采用多层覆盖保温栽培技术，确保瓜秧安全越冬。

3. 加强管理，防治病害

（1）温度管理　定植后至3月底前，以防冻保温为主，采取大棚、草帘、小棚和地膜4层覆盖，保持棚内气温白天28～30℃，夜间15～18℃。至4月底前，夜间仍以保温为主，白天注意通风降温。5月份以后以通风降温排湿为主，当夜间最低温度为15℃以上时，可撤除大棚底脚围裙膜，保留顶膜防雨，昼夜通风。

（2）肥水管理　丝瓜生长期长，茎叶生长量大，结果多，特别是开花结果后，发棵与结果齐头并进，需肥量大。追肥要前轻后重，前期发得起，不疯长，中期稳得住，后期不早衰。一般抽蔓后，追施一次提苗肥，亩施10千克尿素。开花坐果后，追施一次膨瓜肥，亩施尿素20千克或磷酸二铵15千克。丝瓜上市后要经常追肥，一般要求上市一次，追肥一次。特别是结果盛期，正是营养需求的高峰期，要追施重肥，这是保证丰产的关键。丝瓜对水分的要求较高，除生长初期为了促进发棵不宜过湿外，在生长中后期，要采用膜下暗灌等方式，经常保持土壤湿润，以满足发棵和结果的需要。

（3）植株调整　丝瓜茎叶生长旺盛，需进行植株调整。大棚早熟丝瓜密植栽培，正常情况下只选留主蔓结瓜，一般不留侧蔓。当

丝瓜长到5片叶以上时，茎蔓开始伸长，应及时绑蔓，通常采用塑料绳吊蔓，以便于管理和落蔓。随着茎蔓的伸长，应多次理蔓，使茎、叶均匀分布，形成良好的受光势态。茎蔓一般保持在1.5米左右高度水平上，以防止顶部接触薄膜被烧伤。在丝瓜生长过程中，要及时地摘除病叶、老叶、卷须以及畸形的花果，以利于养分集中，促进瓜条肥大。

（4）*人工授粉*　丝瓜生长前期温度低，昆虫少，必须进行人工授粉。早期人工辅助授粉的好坏，将直接影响到丝瓜的前期产量，这也是大棚丝瓜早熟丰产栽培的重要技术措施。人工辅助授粉一般在早上5～8时进行。

（5）*病害防治*　大棚丝瓜生长期间一般虫害较少，主要是病害。前期主要防灰霉病、霜霉病，后期主要防白粉病和枯萎病。灰霉病可用克霉灵500倍液或50%速克灵1 000倍液交替喷药防治；霜霉病可用72.2%普力克1 000倍液或40%乙磷铝400倍液交替喷药防治；白粉病可用15%粉锈灵1 000倍液或75%百菌清600倍液交替喷药防治；枯萎病可用50%多菌灵500倍液或70%甲基托布津1 000倍液灌根防治，每株灌药液250毫升左右。

4. 适时采收，早日上市　丝瓜以嫩瓜食用，采收期非常严格。丝瓜采收的标准是以果实内纤维尚未硬化、嫩瓜大小适中、果梗光滑、茸毛减少、果皮柔软而无光滑感即可采收。如采收过迟，则纤维硬化，食用品质变差。大棚丝瓜生长速度极快，一般在授粉后10～12天即可采收。大棚丝瓜连续结果性强，一般隔1天采收1次，盛果期每天都要采收。

六、大棚冬瓜特早熟高效吊栽技术

冬瓜是葫芦科冬瓜属中的栽培种，一年生攀缘性草本植物。冬瓜适应性强，栽培容易，高产稳产，耐贮运，供应期长。冬瓜嫩瓜和成熟瓜均可供熟食外，还可腌渍成蜜饯，制成冬瓜片、糖果，或脱水制干用。

（一）生物学特性

1. 植物学性状 冬瓜为葫芦科一年生植物。根系强大，分枝力强。叶大，掌状。花单性，雌雄同株，第一雌花早熟种着生于主蔓6～7节叶腋间，晚熟种着生于12～15节间。果甚大，有扁圆形、圆筒形或长圆筒形，单果重，小型种2.5～5千克，大型种15～20千克，最大者达30千克以上。果皮淡绿或深绿，表面密被白粉，亦有无白粉者，皮坚硬。种子黄白色，有棱或无棱。一般有棱种子粒大，果实虽大而果肉较薄，微带酸味；无棱种子粒小，果肉较厚，微带甜味。

2. 对环境条件的要求 性喜温暖，耐热耐湿，对干旱有一定忍耐力，气温在35℃以上仍能生长良好，生育适温为18～32℃。对低温极敏感，5℃以下会冻死。属短日照植物，但多数品种对日照反应不敏感。冬瓜根系发达，茎叶繁茂，蒸发量大，需水量多，特别是在着果后，要求水肥充足。对土壤适应性广，沙壤土到黏土均可栽培。最适宜排水好、土层厚的沙壤上，在这样的土壤里，根系发育良好，结果早，但生长期短；在黏性土上，瓜肉厚，味浓，产量较高。

（二）类型与品种

冬瓜按果实大小可分为小型果和大型果两类；按果形分为圆冬瓜、扁冬瓜和枕头瓜三类。此外，按皮色又分为粉皮或青皮冬瓜。

1. 小型冬瓜 雄花出现早，初花节位低，以后连续发生雌花，每株结瓜多（4～8个），瓜形小，单果重1.5～2.5千克，大者约5千克，瓜扁圆形、圆形或高圆形。适于早熟栽培，采食嫩瓜。播种至初收约110～130天。如四川成都五叶子、杭州圆冬瓜（灯笼冬瓜）、绍兴小冬瓜、安徽早冬瓜、苏州雪里青、北京一串铃冬瓜、南京一窝蜂。

2. 大型冬瓜 雌花出现晚，着生稀，中、晚熟种。瓜大，单果重7.5～15千克，大者25～30千克以上，高产，肉质厚，果呈长圆筒形、短圆筒形或扁圆形。果皮青绿色，被白蜡粉或无白粉，

自播种至初收约 140～150 天，以采食老熟瓜为主，耐贮运。品种有广东青皮冬瓜、江门灰皮冬瓜、长沙粉皮冬瓜、株洲龙泉青皮冬瓜、武汉粉皮枕头冬瓜、广西玉林大石瓜、云南三棱子冬瓜、玉溪冬瓜、重庆米冬瓜、成都爬地冬瓜、粉皮冬瓜、江西扬子洲冬瓜、昆明太子冬瓜。

（三）大棚冬瓜特早熟栽培

大棚冬瓜特早熟栽培，可较一般拱棚密闭栽培早上市 30 天，较常规栽培早上市 50 天以上。且通过高密度吊架栽培管理，能使植株坐瓜期集中，产量高，效益显著。每亩可密植 2 200～2 400 株，产量达 10 000 千克以上。

1. 品种选择　冬瓜特早熟吊架栽培宜选用耐低温、弱光、易坐果、节间短、单果重 1.5～2.5 千克、结实性好的品种，如一串铃、一窝蜂、火车头、京冬瓜 3 号、京冬瓜 4 号等。

2. 播种育苗　大棚吊栽冬瓜适宜播种期冷床育苗为 12 月上旬，温床育苗宜在 12 月下旬。直播时沙床或沙箱中先铺 10 厘米河沙，撒种后再盖 2 厘米厚细沙。播种前晒种 2 天，用 55℃热水浸种处理后，再继续浸种 4 小时，搓洗干净，直播于沙床或沙箱中，浇足水，白天保持 20～25℃，夜间 15～20℃，苗床 1 厘米深处出现干旱时补充水分。3～4 天后两片子叶展开，下胚轴长 3～4 厘米时即可移植。

3. 施肥整地　提前 10 天将床土深翻、整平，每亩撒施腐熟鸡粪肥 2 500 千克、猪粪 4 000 千克、复合肥 40 千克，再翻耕耙细作垄，小行距 50 厘米，大行距 80 厘米。耙细整平垄面后喷施果尔除草剂（每亩用量 50 毫升），再覆盖地膜提温，每相邻两垄（小行距）为一覆膜单位。

4. 定植　2 月中旬气温回升较快，可选冷尾暖头天气，适时定植。定植宜在上午进行，以便盖膜增温。株距 38～40 厘米，每亩定植 2 200～2 400 株。定植时在垄面破膜开穴把苗坨埋入，坨面略低于垄面 1～2 厘米，随即浇足定植水，栽完再搭小棚加盖草帘保温。

5. 田间管理

(1) 水肥管理　定植后要及时封盖好地膜，以利透气、保墒、增温，促进根系生长。坐瓜前应控制肥水，以免瓜蔓生长过旺而化瓜。一般定植后约 15 天，在垄的外侧植株间穴施追肥，每亩混合施用复合肥、尿素各 20 千克，也可在叶面喷施 0.3%磷酸二氢钾、0.4%尿素和 0.2%硼砂混合液 2～3 次。进入 4 月中下旬气温升高，蒸发量加大，瓜膨大加快，宜保持土壤湿润，可每周一次在垄沟大水快流，速灌速排，淹水深度至垄中上部。

(2) 温光管理　定植缓苗期大棚内层覆盖应晚揭早盖，尽量维持稍高温度，白天 28～32℃，夜间 16～20℃，促进缓苗。伸蔓期逐步过渡到早揭晚盖，增加光照，温度控制在白天 25～28℃，早晨最低不低于 12℃，以促瓜蔓增粗、节增密，防止窜蔓。3 月下旬逐渐减少内层覆盖，4 月初全部撤除内棚，进入开花坐果，温度要相应提高 4～5℃，以利开花、坐果和瓜迅速膨大，结大瓜。

(3) 立架吊蔓　内棚撤除时瓜蔓已爬满畦面，应随即立架吊蔓。每行隔 3～4 米立一竹竿，再用 14 号铁丝纵拉成一条龙架式，高度依棚势而设，中间高两边低，中间高不超过 2 米，边行低不低于 1.5 米。然后用细绳将瓜蔓均匀吊悬于铁丝上，注意吊蔓时应小心理蔓，防止损伤叶片或茎蔓。

(4) 摘心留瓜　早熟品种约在 8 节着生第一雌花，12 节左右着生第二雌花。一般第一雌花因条件差，形成的瓜较小，畸形多，而节位高的幼果虽然能发育成大瓜，但成熟过晚，所以当第一雌花出现时可尽早抹除，以第二雌花结瓜为主，并在瓜蔓长至16～18 节时摘心。

(5) 人工授粉　早春因棚内气温偏低，昆虫活动少，需人工辅助授粉，以防落花化瓜。人工授粉应在上午 8～9 时进行，将刚开放的雄花摘下，除去花冠，将花药在当天开放的雌花柱头上轻轻涂抹，使柱头上粘有黄色花粉即可，每朵雄花可授 3～5 朵雌花。配合使用 20 毫克/千克的 2,4-D 液或 30 毫克/千克的坐果灵涂抹雌花瓜柄，有助于提高坐果率，促进幼瓜膨大。

（6）落蔓吊瓜　摘心后瓜蔓生长高度仍可达到棚膜附近，要及时落蔓，即将瓜蔓下放盘于根部。落蔓后的高度以蔓最高处距顶膜30厘米为宜，并随时摘除下部老叶，以减少养分损耗，增加通风透光，减少病害。待瓜长至0.5千克时再用绳扎住瓜柄吊起，以防瓜大后扯断瓜蔓。

6. 病虫防治　冬瓜苗期一般应注意避免低温潮湿诱发猝倒病，若发现病苗要立即拔除并喷洒400倍铜氨合剂或600倍百菌清液。定植后每10天用百菌清烟剂熏烟2～3次，每亩每次用药250克，可有效防治霜霉病、白粉病、疫病等。坐果后及时用800倍速克灵液喷洒幼瓜脐部，防止灰霉病为害幼瓜。棚栽冬瓜虫害主要是金针虫、地老虎，可用玉米粉或麦麸炒熟后拌和敌百虫制成毒饵撒于垄面。发生蚜虫或红蜘蛛时，可用蚜虱净或扫螨利防治。

（四）冬瓜的贮藏与保鲜

冬瓜大面积栽培时由于产量高，采收期过于集中，短时间内销售容易形成积压和价格偏低。通过适当的贮藏保鲜后，可延滞冬瓜的上市时间，拉长冬瓜的供应期，达到旺储淡供的作用，有效调节市场，达到均衡供应的目的，销售价格明显提高，可有效提高冬瓜的种植效益。冬瓜的贮藏与保鲜需注意以下几方面的问题：

1. 选瓜

（1）要选择耐贮性好的品种　早熟、小果型、肉质薄、粉皮型品种耐贮性差，晚熟、大果型、肉质厚、黑皮和青皮类型的冬瓜较耐贮藏。

（2）掌握好冬瓜的成熟度　用于贮藏的冬瓜在采收前要充分发育成熟，冬瓜越是老熟其果肉组织的坚实度越高，耐贮性越好。

（3）栽培管理措施要配套　贮藏的冬瓜在采收前要降低水分，冬瓜采收前一周无降水。为了防止瓜体带病带菌，入贮冬瓜在临近采收前3天喷药防病一次。具体采收时间要选择晴天上午露水干后为宜，雨后和早晨露水未干时不要采收，采收时在距瓜体8厘米左右的地方用剪刀剪断。

（4）采收方法要准确　采收后的冬瓜要仔细检查和分等分级，

剔除有病斑和外伤的冬瓜，在搬运过程中要轻搬轻放，不能碰撞和震动。

（5）贮藏前进行药剂处理　选择好的冬瓜再用药剂保鲜处理后晾干，堆码入贮。

2. 贮藏场所的选择　贮藏冬瓜的场所对温湿度的要求很高，这也是确保贮藏成功关键性因素。适宜的温度为 10℃左右，相对湿度为 70%～75%。湿度过高，容易发生霉烂；过低，则容易失水萎蔫。温度过高，呼吸作用加强，瓜类易变质，耐贮性下降，过低则会出现冻伤。所以，冬瓜的贮藏场所应选择温度和湿度易于控制和调节的地方，一般选择避风向阳的空地建棚或空闲库房作为贮藏地。

3. 贮藏方法

（1）选瓜　用于贮藏的冬瓜必须是老熟、无病、无伤、果形周正，根据瓜型大小做好分等分级。

（2）药剂保鲜处理　为防止冬瓜在贮藏期间霉变，冬瓜在贮藏前要用药剂进行处理，一般将冬瓜用 1 000 倍 25%咪鲜胺溶液过水后晾干待贮。注意冬瓜不要放置在太阳直射的位置。

（3）贮藏场地准备　用大棚贮藏时，选择地势高爽、背风向阳的地方建造大棚，大棚以南北向为宜，大棚膜选用无滴保温型棚膜，大棚建成后上覆遮阳网保温，棚内用稻草铺垫好。用空闲库房贮藏时，要注意库房既要保温性好，又要能方便通风，堆放冬瓜的地方要铺垫好稻草。

（4）堆放　冬瓜堆放时要轻搬轻放，上下摆放位置要与田间位置相同，不要肚皮向上，堆放时安排进行，可以码 2～3 层，过高时会压伤果实。堆放时要整齐，排与排之间要留有空隙，以利空气流动和人员操作。

4. 贮藏期间的管理

（1）贮藏好的冬瓜要在贮藏室内中心位置放置一个温湿度对照表，以利及时掌握温湿度情况并进行相应的调节。

（2）冬瓜入库后在密闭的条件下用速克灵烟雾剂熏 24 小时，消毒杀菌。

(3) 贮藏期间注意经常检查，发现霉烂或损伤的果实及时剔除。

七、大棚瓠瓜春提前栽培技术

瓠瓜为葫芦科葫芦属一年生蔓性草本植物，又名扁蒲、葫芦、夜开花、瓠子、蒲瓜等。瓠瓜幼果味清淡，品质柔嫩，适于煮食。瓠瓜与葫芦瓜相近，在我国广泛分布，南方为主。在河北一带的某些地区，“瓠瓜”专指西葫芦，“瓠子”则用来专指瓠瓜。瓠瓜幼果含水量达95%，每100克鲜重约含维生素C 10～15毫克，以及少量的糖和磷、钙等。有些品种，因果肉中含葫芦苷的配糖体而带苦味。生产上选用无苦味的双亲本并控制授粉，所结种子的后代即无苦味。“夜开花”夏季上市。因其味甜，且含有大量的蛋白质、糖分、有机酸和各种维生素，深受人们喜爱。

（一）生物学特性

1. 植物学性状　瓠瓜为浅根系，侧根发达，主要分布在20厘米耕层内。根的再生能力弱，不耐干旱也不耐涝。茎为蔓生，中空，上被白色茸毛，蔓长3～4米以上，卷须分叉，分枝力强。一般主蔓着生雌花晚，侧蔓1～2节即可发生雌花。茎节易生不定根。单叶互生，心脏形或肾脏形，密生白色茸毛，叶大而薄，柔软，蒸腾量大。花为雌雄同株，单花腋生，花大白色，花柄甚长。雌、雄花大都在夜间及早、晚光照弱时开放。果实为瓠果，有长棒形、长筒形、短筒形、扁圆形或束腰形状，嫩果果皮淡绿色，果肉白色而柔嫩。种子卵形，扁平，千粒重125克左右。

2. 对环境对条件的要求　瓠瓜喜温，不耐低温，种子在15℃开始发芽，30～35℃发芽最快，生长和结果期的适温为20～25℃。长瓠子不耐高温。

瓠瓜对光照条件要求高，在阳光充足情况下病害少，生长和结果良好且产量高。

瓠瓜对水分要求严格，不耐旱又不耐涝。结果期间要求较高的空气湿度。

瓠瓜不耐瘠薄，以富含腐殖质的保水保肥力强的土壤为宜。所需养分以氮素为主，配合适量的磷钾肥施用，这样才能提高产量和品质。

（二）品种类型

长瓠子或蒲瓜：果实长圆筒状，长达50～70厘米，直径6～10厘米，上下粗细几乎相等，也有呈棒槌状的。

长柄葫芦：果实先端为圆球状，近果梗一端有细长的果颈。

杓蒲或称大葫芦：果实圆球形至扁圆形，老熟果可作瓢。

细腰葫芦或通称葫芦：果实中段有一“细腰”，两端均呈圆球形。

观赏葫芦或称小葫芦：果实长仅10厘米左右，有一细腰或一长果颈。

（三）栽培技术

在盐城地区，瓠瓜栽培通过选用适宜品种，可实施露地栽培和保护地春提前栽培，生产上以露地栽培比较普遍。现将越冬春提前栽培技术介绍如下：

1. 育苗

（1）品种与播种期　一般要选择耐低温、弱光、早熟、品质好、坐果率高、产量高、抗逆性强的瓠瓜品种——浙蒲2号。10月中旬前后播种育苗。

（2）播前准备　一般采用营养钵育苗营，其养土配制用水稻田表土90%，腐熟猪粪10%，每立方米再加过磷酸钙3千克和15%噁霉灵水剂500倍液150升，混合堆制30天以上。过筛后将营养土装入10厘米×10厘米大小的营养钵中，营养钵排放于育苗大棚中。

（3）催芽播种　播前晒种一天后，将种子放入50～55℃温水中浸泡15分钟，再在冷水中浸8～12小时，在30～33℃条件下催芽40～50小时，芽长3～5毫米即可播种。播前一天先将营养钵浇透水。每钵播催好芽的种子1粒，随后盖1厘米厚的细土，播后在

苗床上搭小拱棚，晚上加盖无纺布或草帘保温，有利促进齐苗，减少猝倒病。

（4）苗床管理　从播种到移栽，白天温度应掌握“二高二低”的原则，即播种到出苗要求高温 30～35℃，出苗到真叶展开降低温度到 20～22℃，真叶生长期最适温度为 28℃，移栽前 7 天降低温度到 20～22℃，齐苗后夜间最低气温保持在 15℃以上。苗床内水分掌握“前促后控”，并保持营养钵内下层潮湿、表土干燥，表土不发白不浇水，如浇水，要点浇，防止出现徒长苗。

（5）壮苗标准　秧龄 30～35 天，三叶一心，株高 8～10 厘米，叶柄短，叶色厚而深绿，根系发达、白嫩，营养土不散。

2. 大田定植

（1）定植时间　一般在 11 月中下旬达到壮苗标准时定植。定植前 1～2 天，抢晴天浇足定植穴底水。

（2）整地施基肥　选择前作为水稻田或 3 年内未种过瓜类田块，每亩施优质厩肥 2 000～3 000 千克、三元复合肥 50 千克，于移栽前 7～10 天结合整地施入，做成宽 3 米的畦，畦的中间略高，有利于瓠瓜根系生长。

（3）定植

1）定植密度　采用爬地栽培，每穴 1 株，株距 30 厘米，每亩定植 650 株左右。定植后营养土略高于畦面，浇上定根水。每畦上覆盖地膜，每畦打一行种植穴，穴深 10 厘米，穴直径 11 厘米，穴距 30 厘米，然后在每畦上搭建小拱棚，棚宽 1.6 米，棚高 40 厘米。

2）双大棚多层覆盖　即在大棚内再搭建一层大棚，双大棚套中棚，中棚覆一层农膜，并在中棚上覆无纺布，地上覆盖地膜。应用“四膜一布”多层覆盖栽培技术，能保障冬季瓠瓜不受冻害，可提前到春节期间上市。

3. 田间管理技术

（1）温湿度管理　瓠瓜不耐高温，温度上掌握前促、中控、后稳的原则。前促为：定植后 7～10 天内，视瓠瓜秧苗素质，一般以高温为主，促进幼苗早发新根，白天最高气温掌握在30～35℃，最低地温地表10厘米处稳定在12℃以上；中控为：幼苗定植新根生长后，最高气温控制在25～28℃，超过28℃，要注意放风，防止植株徒长；后稳为：瓠瓜雌花开放后，最高气温宜稳定在32℃左右，加速果实生长发育，缩短膨瓜周期，有利于早熟高产。

（2）肥水管理　瓠瓜根系喜湿、怕渍、忌旱，定植时浇足底水后，前期以保湿为主，一般不浇水，促进根系生长，扩大根系群。坐果后土壤相对湿度控制在70%左右，如土太干要及时浇水。瓠瓜坐果前一般不施肥，坐果后每隔15～20天施一次三元复合肥，每次用量10千克。结合防病治虫，坐果后及时喷施绿芬威1号、绿芬威2号等植物营养液。

（3）光照调节　瓠瓜叶片肥大，属较耐弱光的作物，在膨瓜期，由于果实膨大快，相对光照要求较高，一般要求光照不少于8小时，因此除白天及时揭去棚内覆盖物外，夜间保温宜选用白色无纺布覆盖，从而延后光照时间，防止叶片黄化，减少畸形果，提高商品率。

（4）株型调节　主蔓摘心：瓠瓜定植发根后，主蔓4叶1心至5叶1心时进行主蔓整枝摘心，控制主蔓生长，促进侧蔓生长。一级侧蔓整枝：一级侧蔓长10～15厘米时，选留3条长势旺的侧蔓，整掉其余侧蔓，待选留的侧蔓有15叶左右，蔓长80厘米左右时对一级侧蔓进行摘心，控制一级侧蔓的营养生长，使植株养分集中转向生殖生长，促进膨果。一般一级侧蔓整株留果1～2个。二级侧蔓的整枝：二级侧蔓根据叶面积多少，单株选留3～5条二级侧蔓，一般留5～8叶摘心，一般二级侧蔓单株留果2～3个。对三级、四级侧蔓的整枝摘心原则为：见空隙多留轻摘，见封行少留重摘。依此类推，长期保持一定的叶面积，每批单株留果2～3个。

在生长前期摘心不摘叶，生长中期摘病叶不摘功能叶，植株进入旺盛生长期后，及时摘除基部老叶、遮住果实叶、相叠叶、长柄叶、黄叶、病叶，叶面积指数控制在2以下，防止植株徒长。在冬季单株同时留果1～2个，在春夏季单株同时留果2～3个，多余的

幼果在手指粗时及时疏去，防止养分流失。

（5）*激素调节*　由于冬季及早春气温低，雌花分化不易，无雄花花粉或雄花花粉成活率低，故早期用植物生长调节剂处理来调节，提高坐果率，增加早期产量。雌花的诱发一般在2～4叶期，用40%乙烯利250克对水50千克在幼苗期喷洒，或用0.01%萘乙酸钠盐水溶液在瓠瓜2～3片真叶期喷洒，均能显著增加雌花的数量。或用早瓜灵5毫升加水0.5～1千克，当雌花开放时用早瓜灵稀释液浸子房处理或用小型手提喷雾器喷整个子房，把整个子房均匀喷湿。4月份开始雄花花粉成活率较高，进行人工辅助授粉，可提高坐果率。人工辅助授粉的方法是：每天当瓠瓜雄花盛开时，把雄花摘下，去除花瓣，然后把雄花的花粉均匀地涂抹在雌花柱头上，一般一朵雄花可供2～3朵雌花授粉。

（6）*病虫害防治*　大棚瓠瓜主要病害为白粉病、霜霉病、疫病，主要虫害为蚜虫、斑潜蝇。白粉病可用30%翠泽1 000倍液或43%好立克3 000倍液交替喷雾防治；霜霉病、疫病可用60%氟吗·锰锌600倍液，或80%大生600倍液交替喷雾防治。蚜虫可用10%吡虫啉可湿性粉剂2 000倍液喷雾防治；斑潜蝇可用1%阿维菌素乳油3 000倍液，或75%灭蝇胺可湿性粉剂5 000倍液喷雾防治。

4. 适时采收　早期瓠瓜，由于气温低，生长慢，一般在开花后20天左右，单瓜重0.4～0.6千克时采收。中后期，气温上升，生长变快，一般在开花后10～15天，每瓜重0.6～1.2千克时采收。

八、大棚小南瓜栽培技术

南瓜是我国传统的蔬菜产品，各地普遍都有种植。但是，随着生活水平的不断提高和对保健卫生的重视，人们对蔬菜消费品种多样化的需求日益增强。因此，近几年来小南瓜的消费数量迅速增加，使得小南瓜的种植面积也在不断扩大，为了达到四季平衡供应和周年生产上市的目的，小南瓜大棚栽培技术备受生产者所重视，并可取得较高的种植效益。

（一）生物学特性

小南瓜属于耐热作物，生长发育适宜温度为18～32℃。开花结果期温度低于15℃时则授粉、受精困难，不利于坐瓜；高于40℃果实生长不良。果实生长需要有明显的昼夜温差。昼夜温差大，果实膨大速度快，单瓜重量大。南瓜根系生长也需要较高温度，最适生长温度为32℃，根系适应温度范围广，为8～35℃。南瓜根系发达，吸水能力强，但叶面积大，蒸腾作用旺盛，须及时灌溉才能获得高产。对土壤及肥力要求不甚严格，但增施磷、钾肥有利于获得优质高产。随着南瓜小果型早熟品种的不断培育和引进成功，大棚小南瓜栽培技术得到进一步的推广应用。

（二）主要新品种

1. 旭日　该品种瓜扁圆球形，瓜皮橙红色，棱沟乳黄色，单瓜重1.2～1.5千克。瓜肉橙红色，肉厚3.1～3.3厘米，肉质甜粉、细腻。大棚吊蔓生长，春季栽培亩产量1 500～1 900千克，秋季栽培亩产量900～1 100千克。露地栽培产量稍低。

2. 日升　该品种瓜近圆球形，瓜皮深橙红色，棱沟淡、乳黄色，单瓜重1.2～1.5千克。瓜肉橙红色，肉厚3.1～3.4厘米，肉质甜粉、细腻。大棚吊蔓生长，春季栽培亩产量1 500～1 900千克，秋季栽培亩产量900～1 100千克。秋季栽培转色好，露地栽培产量稍低。

3. 碧玉　该品种瓜扁圆球形，瓜皮深绿色，有浅绿色花斑，单瓜重1.2～1.5千克。瓜肉橙红色，肉厚3.2～3.5厘米，肉质甜粉、细腻。大棚吊蔓生长，春季栽培亩产量1 500～1 900千克，秋季栽培亩产量900～1 100千克。露地栽培产量稍低。

4. 翡翠　该品种瓜扁圆球形，瓜皮青绿色、有蜡粉，单瓜重1.3～1.5千克。瓜肉橙红色，肉厚3.3～3.5厘米，肉质粉甜、细腻。大棚吊蔓生长，春季栽培亩产量1 500～1 900千克，秋季栽培亩产量900～1 100千克。露地栽培产量稍低。

5. 优秀　该品种早熟，花后 35～40 天即可收获。长势旺盛，后期不易早衰，收获期长。瓜扁圆球形，瓜皮墨绿色带浅绿色条纹，强粉质，单瓜重 500 克，每株可收获 5 个以上。

6. 小太阳　该品种连续坐瓜性强，坐瓜后 30～35 天成熟。为掌上迷你型红皮南瓜，单瓜重 400 克左右。瓜皮橙红色，超粉质，甜味足。

7. 彩佳　该品种抗热性强，易栽培，单蔓可连续坐瓜 3～4 个。单瓜重 200～300 克，瓜皮淡黄橙色，带橙色纵条纹。肉质为粉质，有独特的甜味。播种后 80～90 天收获。储藏性好，常温下可保存 2～3 个月。

（三）栽培技术

1. 育苗　采用大棚内设小拱棚育苗。穴盘育苗或苗床育苗，2 月中下旬播种。播前浸种、催芽，浇足底水，待水渗下后，撒上一薄层过筛的干细土，然后将出芽的种子按 10 厘米×10 厘米规格均匀播种在苗床上，上覆过筛田土 1～1.5 厘米，然后覆盖地膜保湿、保温。出芽后及时揭除地膜。苗期温度一般白天 25～30℃，夜间 12～18℃。2 叶前每 2 天喷施 1 次营养液，2 叶后每天喷施 1 次营养液（营养液中氮∶磷∶钾为 25∶14∶28，再配以锰、铁等微量元素）。一般不需要浇水，干旱时可适当洒些温水。苗龄 25 天左右，定植前 1 周注意进行低温炼苗，使其尽量适应种植环境。一般小型品种 30～35 天即可培育出叶色深绿、叶片肥厚、茎秆粗壮、根系发达、三叶一心或四叶一心的壮苗。

2. 定植　一般在 3 月中下旬定植。要提早 15 天以上翻耕土壤，每亩施足腐熟基肥 1 000～2 000 千克＋复合肥 80 千克，并与土壤充分混合，施好除草剂；作畦宽 1.5 米，覆地膜，膜要拉紧拉平；打好定植孔，孔距 50 厘米，每亩栽 1 000 株左右。定植应选择在下午进行，定植后浇足淋根水，盖好小拱棚。也可采取大、小行的种植方式，大行掌握在 60～80 厘米，小行 30～40 厘米，株距 80 厘米。如果只采收一茬瓜（即每株只留 1 个瓜），其后只留足叶片，打顶去杈，控制茎叶生长，此种栽培方式密度可再增加。

3. 大田管理

（1）植株调整　主要包括吊蔓、留蔓、整枝、打杈、疏花疏果、留瓜、打顶等。大棚内栽培小南瓜，一般采取吊蔓的方式，即在大棚的顶部南北向拉上铁丝，东、西宽度与行距一致，然后在铁丝上吊绑塑料绳，塑料绳下垂后与南瓜苗相接，南瓜植株即能在人工辅助下顺绳上爬，人工辅助绑吊蔓要按一定方向进行。植株长高、长大后，人工将其下落，落下的茎蔓要均匀、有规律地盘绕在地面上。大棚南瓜一般采取主蔓留瓜。蔓长 1 米时，应搭好棚架，并把主蔓绑缚固定在棚架上，及时整枝打杈，去除侧蔓，只留 1 个主蔓。通常情况下去掉第一雌花，留第二个雌花。因为第一瓜长不大，同时影响植株的营养生长。整枝技术主要是去掉侧蔓和多余的花果，如果待播下茬，则留 2 个瓜后，在第二个瓜的上部留 5～8 片叶后摘心、打顶，及时去掉侧蔓、花、果即可。下落地面后的叶片以及下部老叶片要及时摘除，以利通风透气。

（2）人工授粉　大棚小南瓜需要人工授粉。主蔓上保留 12 节以上的瓜。做好人工授粉，开花后每天清晨进行人工对花授粉，授粉时间在每天 9 时前后，选新开放的雄花，摘下后，将花对准选定的雌花授粉。做到天天对花，见花就对，12 节以下的瓜全部摘除（主要是为了结瓜整齐度和结瓜的成熟期一致）。南瓜的长势较旺，当每株坐住 2 个瓜后应将主蔓摘心，使植株的营养生长转向生殖生长。

（3）肥水管理　定植后 3～5 天浇好缓苗水，以后控制水分使根深扎。南瓜坐瓜后至膨大期要及时浇水、追肥，原则上见湿不见干。当第一批瓜坐住后则不能缺水，始终保持土壤湿润，5～7 天应浇水 1 次，以促进果实发育。在肥料的使用上，在施足基肥的基础上，在 5 月上旬，第二批南瓜结住后，每亩追施腐熟人粪尿 2 500千克或复合肥 15 千克。或者坐瓜后每 10～15 天浇水一次，每次浇水都施尿素，每亩 5 千克。磷、钾底肥不足的可适当随浇水追施。

（4）病虫害防治　大棚第一年种南瓜或瓜类，病害较轻，常见

的病害主要为白粉病，可用三唑酮可湿性粉剂500倍液喷雾防治，也可用粉锈宁、多菌灵等药物防治。应注重农业防治，加强田间管理，提高植株的抗逆性，及时通风、透光，降低空气湿度。为害南瓜的主要虫害有蚜虫、瓜绢螟，在药剂防治上，蚜虫可用10%吡虫啉可湿性粉剂3 000倍液喷雾防治，瓜绢螟可用5%锐劲特乳油1 000～1 500倍液或5%抑太保乳油1 500倍液喷雾防治。

4. 适时采收　南瓜长到一定大小后即可上市销售，是否采摘主要取决于市场行情，1～3千克均可采摘。一般坐瓜后20～30天即长到该品种应有的大小。南瓜果实硕大，有独占养分的特点，当该植株留有1个南瓜生长时，如果不采摘，则其余所有后开花的瓜往往会落瓜或化瓜，第一瓜采收后才能坐第二个瓜。一般成熟度达90%以上方可采收。在包装上应根据瓜形大小、形状、颜色、市场需求进行装箱上市，成为重要的瓜果蔬菜消费品种。

第五章 叶菜类蔬菜多层覆盖栽培技术

一、大棚茼蒿多层覆盖周年供应栽培技术

茼蒿为菊科茼蒿属一二年生草本植物，又名菊花菜、蒿菜、蓬菜、艾菜（鹅菜）。据测定，每100克茼蒿含蛋白质0.8克，脂肪0.3克，碳水化合物1.9克，钙33毫克，磷18毫克，铁0.8毫克。另含丝氨酸等。茼蒿的根、茎、叶、花都可作药用，有清血、养心、降压、润肺、清痰的功效。茼蒿的茎和叶可以同食，幼苗或嫩茎叶供生炒、凉拌、做汤等食用。有蒿之清气、菊之甘香，鲜香嫩脆，一般营养成分无所不备。

（一）生物学特性

1. 植物学性状

蒿子秆：一年生草本，高30～70厘米。茎直立，光滑无毛或近光滑无毛，通常自中上部分枝。基生叶花期枯萎，中下部茎叶倒卵形至长椭圆形，长8～10厘米，二回羽状深裂，一回深裂近全裂，侧裂片3～8对，二回为深裂或浅裂，裂片披针形、斜三角形或线形。头状花序，通常2～8个生于茎枝顶端，有长花梗，但不形成明显的伞房花序，或头状花序单生茎顶。总苞直径1.5～2.5厘米，总苞片4层，内层长约1毫米；舌片长15～25毫米。舌状花的瘦果有3条宽翅肋，特别是腹面的1条翅肋延于瘦果先端并超出花冠基部，伸长成喙状或芒尖状，间肋不明显，或背面的尖肋稍明显；管状花的瘦果两侧压扁，有2条突起的肋，余肋稍明显。花果期6～8月。

茼蒿：本种与蒿子秆的区别是：叶边缘有不规则大锯齿或羽状分裂，舌状花瘦果有2条明显突起的椭圆形侧肋。

2. 对环境条件的要求　茼蒿性喜冷凉，不耐高温，生长适温20℃左右，12℃以下生长缓慢，29℃以上生长不良。茼蒿对光照要求不严，一般以较弱光照为好。属长日照蔬菜，在长日照条件下，营养生长不能充分发展，很快进入生殖生长而开花结籽。因此在栽培上宜安排在日照较短的春、秋季节。肥水条件要求不严，但以不积水为佳。

（二）品种类型

茼蒿的品种依叶片大小，分为大叶茼蒿和小叶茼蒿两类。

1. 大叶茼蒿　叶丛半直立，株高10厘米左右，开展度约20厘米。叶片宽大肥厚，叶缘浅裂，浅绿色，分枝短而粗壮。生长期较短，50～60天。喜冷凉，不耐高温，耐旱，抗病虫。质柔软，味清香，品质较好。如白沙大叶茼蒿、上海圆叶茼蒿、上海本地圆叶、广东大圆叶、虎耳大叶等。

2. 小叶茼蒿　又称花叶茼蒿或细叶茼蒿，叶狭小，缺刻多而深，叶薄，但香味浓，嫩枝细，生长快。品质稍差，产量低，较耐寒，成熟稍早，栽培较少。如北京的蒿子秆、上海本地尖叶、鸡脚茼蒿等。

（三）栽培技术

茼蒿属较耐寒性蔬菜，适应性强，对光照、土质要求不太严格，生长速度快，栽培管理简单。既可露地栽培，又可进行大棚生产，每季收3茬。大棚多层覆盖栽培通常又有春提早栽培和越冬栽培。现分四期将大棚茼蒿多层覆盖周年供应栽培技术介绍如下。

1. 播种

（1）品种选择与播期　大棚越冬栽培播期在11月上中旬，品种应选用上海圆叶茼蒿，以选用上海本地尖叶等耐寒茼蒿为好，50天左右上市，一般亩需用种2.5～3千克。

春提前栽培播期则在1月上中旬，品种多选用上海大叶茼蒿等，一般亩需用种2.5千克左右。

延秋栽培多在8月上旬至10月上旬分期分批播种，播种后40天开始陆续分批采收上市，分3～4次收完。品种多选用上海大叶茼蒿，一般亩需用种1.5～2千克。

越夏栽培多在6月中下旬至8月初分批播种，从播种到收获仅有20天。一般亩需用种5千克以上。

最好是在阴天播种，或者是根据天气预报选择播种时间，最好选择播种后有一天不是晴好天气。

茼蒿一般播前3～5天，将种子放在30℃的温水中浸泡24小时，淘洗、晾干后置于15～20℃条件下催芽，每天用温水淘洗一次，待种子萌芽后即可播种。

（2）大田准备　播种时清除大棚中的前茬残株，整地施肥，亩施农家肥3 000～4 000千克，翻地15～20厘米深，作半高畦，有利于提高土壤温度。畦宽1～1.2米，畦面宽0.8～1米，畦高8～10厘米。

（3）播种方法　播种方式有两种：

①撒播。在畦内浇水，水渗下后均匀撒播种子，覆土0.5～1厘米厚。

②条播。在畦内按15～20厘米行距开沟，沟深0.5～1厘米，于沟内浇水后条播种子，然后覆土。

越夏栽培因茼蒿种子较小，多采用撒播。为防止种子在浇水时被水冲走，在播种覆土后要进行镇压处理，可用脚踩实。

2. 大田管理

（1）温度管理　越冬栽培和春提前栽培播种后采取双大棚四层覆盖，即8米跨度大棚内套7米内棚，播种后再套1.2米小棚，畦面上浮面覆盖一层地膜。要求保持温度为白天20～25℃、夜间10℃左右。出苗后及时抽掉地膜，温度以白天15～20℃、夜间8～10℃为宜。秋延后及越夏栽培可采用“一网一膜”覆盖，大棚可选用春提前栽培的棚架，保留顶膜外套遮阳网一拖到地，也可在小拱棚上覆遮阳网外备旧农膜挡雨。如此一般棚内温度白天保持在25～30℃，夜间20～25℃，相对湿度保持在80%左右。并结合勤浇水

降温保湿，注意一定要防止高温急雨伤害。

（2）间定苗　当幼苗长至1～2片叶时进行间苗，撒播的按4厘米×4厘米间留苗，条播的适当疏间过密苗即可。

（3）肥水管理　越冬栽培和春提前栽培在苗高3厘米时开始浇水，苗高10厘米左右时随水追肥，亩用硫酸铵10～15千克，结合浇水再追肥1～2次。

越夏栽培播种前结合整地亩施500～750千克充分腐熟的鸡粪，播种后进行第一次浇水；7～8天后茼蒿幼苗达到二叶一心时浇第二次水，结合浇水亩追施复合肥7.5千克左右。若市场价格好，可以选择促长，及时浇第二水；若价格不好，可以适当地控水，晚些时间浇第二水。当苗子长到12厘米高时浇第三水。在收获的前一天可以再浇一次水。

秋延后栽培幼苗全部出齐后，要浇一次清粪水催苗促长。植株封行后要及时追肥，一般以速效氮肥为主，结合抗旱补水，亩施尿素15千克。以后每采收一次要追肥一次，每次亩用尿素10千克或硫酸铵15千克，以勤施薄施为好。一般施肥间隔期为7～10天，以确保产品品质。

（4）激素调节　一般越冬栽培和春提前栽培有条件的在采收前7～10天，喷施600倍的细胞分裂素或20～30毫克/升的九二〇，以提高产量和品质。越夏栽培可以喷施丰收1号800倍液，促进茎秆粗壮，防止倒伏。

（5）病虫防治　发生叶枯病、霜霉病等，可选用72.2%普力克或72%克露800倍液等喷雾防治。其中大棚多层覆盖越冬栽培由于光照比较弱，温度低，湿度大，易发生猝倒病、叶枯病和霜霉病，发病后要及时防治。

越夏栽培疫病和霜霉病是导致茼蒿烂叶、黄叶的主要病害，特别是在高温高湿环境下这两种病害发生严重，在管理上应重点防治。从齐苗后就应该加以预防，可以使用普力克、雷多米尔等药剂进行喷雾防治。同时注意防治小菜蛾、甜菜夜蛾、斜纹叶蛾等，可以喷洒甲维盐防治。

3. 适时收获 除越夏栽培外，茼蒿一般在播种后40～50天，当苗高20厘米左右时便可一次性收割，也可疏间采收或分次割收，亩产量可达1 000～2 000千克。分期采收有两种方法：一是疏间采收；二是保留1～2个侧枝割收。每次采收后，浇水追肥1次，以促进侧枝萌发生长。隔20～30天，可再收割1次。每亩两次采收产量为1 000～1 500千克。

二、大棚落葵矮化密植栽培技术

落葵原产中国和印度，我国栽培历史悠久，目前我国南方各省栽培较多，在北方也有栽培，一直列入稀特蔬菜。以幼苗或肥大的叶片和嫩梢作蔬菜食用（木耳菜）。该菜鲜嫩软滑，营养丰富，有清热解毒、利尿通便、健脑、降低胆固醇等作用。落葵的营养价值很高，每100克食用部分含蛋白质1.7克、脂肪0.2克、碳水化合物3.1克、钙0.21克、磷29毫克、铁2.2毫克，还含有胡萝卜素4.55毫克、尼克酸1毫克、维生素C 102毫克。可炒食、烫食、凉拌。其味清香，清脆爽口，如木耳一般，别有风味。

（一）生物学特性

1. 植物学性状 落葵为落葵科落葵属中以嫩茎叶供食用的一年生缠绕性草本植物。

落葵根系发达，分布深而广，吸收力很强。茎在潮湿的地上易生不定根，可行扦插繁殖。

落葵分为青梗落葵和红梗落葵两种。皆为蔓生，茎光滑，肉质，无毛，分枝力强，长达数米。叶为单叶互生，穗状花序腋生。青梗落葵茎绿白色，红梗落葵茎紫红色。

2. 对环境条件的要求 落葵为高温短日照作物，喜温暖，不耐寒。生长发育适温为25～30℃。种子的发芽适温为20℃左右，在35℃以上的高温下，只要不缺水，仍能正常生长发育。其耐热、耐湿性均较强，高温多雨季节仍生长良好。故在我国各地均可安全越夏。多数地区在高温多雨季节生长更旺盛，是江南7、8、9月雨

季的重要淡季蔬菜。不抗寒，深秋遇霜后植株即枯死。

（二）主要品种

落葵的种类很多，根据花的颜色，可分为红花落葵、白花落葵、黑花落葵。作为蔬菜栽培的主要为前两种。

1. 红花落葵 茎淡紫色至粉红色或绿色，叶长与宽近乎相等，侧枝基部的片叶较窄长，叶基部心脏形。常用的栽培品种有：

（1）赤色落葵 又叫红叶落葵、红梗落葵，简称红落葵。茎淡紫色至粉红色，叶片深绿色，叶脉附近为紫红色。叶片卵圆形至近圆形，顶端钝或微有凹缺。叶形较小，长宽均 6 厘米左右。

（2）青梗落葵 为赤色落葵的一个变种。除茎为绿色外，其他特征特性、经济性状与赤色落葵基本相同。

（3）广叶落葵 又叫大叶落葵。茎绿色，老茎局部或全部带粉红色至淡紫色。叶深绿色，顶端急尖，有较明显的凹缺。叶片心脏形，基部急凹入，下延至叶柄，叶柄有深而明显的凹槽。叶形较宽大，叶片平均长 10～15 厘米，宽 8～12 厘米。穗状花序，花梗长 8～14 厘米。品种较多，如贵阳大叶落葵、江口大叶落葵等。

2. 白花落葵 又叫白落葵、细叶落葵。茎淡绿色，叶绿色，叶片卵圆形至长卵圆披针形，基部圆或渐尖，顶端尖或微钝尖，边缘稍作波状。其叶最小，平均长 2.5～3 厘米，宽 1.5～2 厘米。穗状花序有较长的花梗，花疏生。原产于亚洲热带地区。

（三）栽培技术

落葵从播种至开始采收时间很短，加上耐热、耐湿，属于病虫害较少的叶菜，农药污染少，在市场上颇受欢迎。采用大棚、温室可周年生产。大棚矮化密植栽培是高产高效栽培方法。

1. 品种选择 大棚栽培落葵品种选用广叶落葵，如贵阳大叶落葵、江口大叶落葵等。

2. 种子处理 落葵的种壳厚而坚硬，在播种前要对种子进行浸种催芽。方法是把种子用棉布包好充分浸泡在水中 1～2 天，待种子充分吸水后在 30℃的环境下进行催芽。在催芽期间每隔 24 小时要将种子倒入30℃清水中清洗一下，清洗种子的同时也要对包裹种子的棉布进行清洗。将清洗好的种子捞出，重新用棉布包好继续催芽，种子全部露白时进行播种。

3. 施肥整地 2月上旬每亩施腐熟有机肥2 500～3 000千克、45%硫酸钾复合肥25～30千克、过磷酸钙50千克，进行翻耕，使肥料均匀拌入土中，然后整地做畦。种植落葵一般作成1米宽的菜畦。播种前5～7天，封闭大棚提高地温。

4. 精细播种 矮化密植栽培落葵，播种方法为条播，行距18～20厘米。开播种沟时要注意保持沟与沟平行，沟开得不要太深。2月下旬至3月上旬精细播种，每亩干种用量为6～8千克。播种后要覆土1～1.5厘米。为了利于快出苗、出齐苗，播种后还要浇透底水并覆盖地膜，畦面搭小拱棚，密闭大棚。

5. 加强管理 播种后棚内温度应保持在30℃左右，一般经5～7天出苗，大约10～12天齐苗。幼苗出齐后应及时揭去地膜，降低棚内温度，但不可低于18℃。落葵生长期间最好将大棚温度控制在25～30℃。春季气温低时，夜晚可在大棚内小棚上加盖草帘或两层遮阳网。当白天棚内温度高于30℃时可通风降温。幼苗长出1～2片真叶时，要间去细弱苗，保留强壮苗，一般留苗间距为2～3厘米。用三齿耙中耕，深度为2厘米左右。3～4片真叶时追肥，每亩施尿素5～7.5千克，45%硫酸钾复合肥5千克。追肥后要浇1次透水。当苗长出4～5片真叶时进行定苗，定苗间距为10～12厘米。定苗时去小留大，去弱留强。定苗时要用手指捏住苗茎的根部将苗从土中拔出，不要用力拔叶片或茎的上部，以防将幼苗拔断。在定苗的同时要将畦中杂草拔除。定苗后中耕培土，并施肥浇水，施肥量为每亩尿素7.5千克，45%硫酸钾复合肥8～10千克，将化肥均匀撒在畦中，然后浇1遍透水。以后一般采收1～2次，追施尿素10～15千克。落葵矮化密植栽培，不可缺肥，否则梢老、叶小，品质差。落葵喜湿润，每采摘1～2次后要结合追肥灌水1次，以保持土壤湿润为宜，遇干旱时应增加灌水次数。

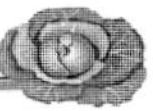

6. 病虫害防治　落葵常见的病虫害有：

(1) 褐斑病　又称鱼眼病、红点病、蛇眼病等。主要为害叶片，叶病斑近圆形，直径2～6毫米不等，边缘紫褐色，斑中央黄白色至黄褐色，稍下陷，质薄，有的易穿孔。防治方法：适当密植，改善通风透光条件，避免浇水过多和施氮肥过多。发病初期喷75%百菌清可湿性粉剂600倍液，或40%万多福可湿性粉剂800倍液，或50%速克灵2 000倍液，上述药之一，每7～10天喷1次，连续2～3次。

(2) 灰霉病　生长中期始发病。侵害叶、叶柄、茎和花序。初呈水渍斑，后迅速蔓延致叶腐烂，茎易折断。病部可见灰色霉层。防治方法：加强肥水管理，注意排水防涝，增施磷、钾肥，提高抗病力。发病初期可用50%苯菌灵可湿性粉剂1 500倍液，或50%农利灵可湿性粉剂1 000倍液，或50%速可灵（腐霉利）可湿性粉剂1 500倍液，每10天喷1次，连喷2次。

(3) 苗腐病　又称苗枯病。主要为害幼苗茎基部和叶片。茎基染病，初现水渍状近圆形或不定形斑块，后迅速变为灰褐色至黑色腐烂，致植株折倒，叶片脱落。湿度大时，病部长出白色至灰白色菌丝。叶片染病，初显暗绿色近圆形或不定形水浸状斑，干燥时呈灰白色或灰褐色，病部似薄纸状，易碎或穿孔。湿度大时，病部长出白色棉絮状物。在生产地低洼、积水、湿度大、密度大、施氮肥多的情况下发病严重。防治方法：及时拔除病株，清洁田园，减少田间病源；适当浇水，及时排除田间积水，降低田间湿度；发病初期喷70%乙磷锰锌可湿性粉剂500倍液，或58%甲霜灵锰锌可湿性粉剂500倍液，或杜邦克露800倍液，每7～10天喷1次，连续喷2～3次。

(4) 叶斑病　主要为害叶片。叶斑圆形或近圆形，边缘紫褐色至暗紫褐色，分界明显，斑面黄白色至黄褐色，稍下陷。后期病部生出黑色小粒点。多雨季节易发病。防治方法：采用高畦或高垄栽培；雨季及时排水，降低田间湿度；发病初期喷50%苯菌灵可湿性粉剂1 500倍液，或50%腐霉灵可湿性粉剂1 000倍液，每7～

10天1次，连喷2～3次。

（5）**虫害** 常有蚜虫为害，可用10%吡虫啉可湿性粉剂2 500倍液喷雾。

7. 采收 矮化密植栽培落葵以采收嫩梢为主，当苗高30厘米时，第一次采收。采收时，留3～4片叶将上部的嫩梢用手掐下。在第一次采收时要选留2个强壮的侧枝，其余的侧枝都应抹去。第二次采收的是侧枝上的嫩梢，采收的标准也和第一次相同。此次采收后要留2～4个强壮侧枝。就这样7～10天采收1次。在落葵的生长旺期可选留5～8个强壮侧枝。在生长的中后期应随时抹去花蕾，到采收末期，植株生长势已经减弱，此时采收后应选留1～2个强壮侧枝，这种管理有利于使落葵叶大、梢肥、茎壮，品质好，产量高。一般采收期3个月，每亩可采收2 500千克左右。

三、大棚蕹菜多层覆盖早春栽培技术

蕹菜，又名空心菜、竹叶菜、蕹菜，为旋花科一年生或多年生植物。原产我国及东南亚热带地区，在我国栽培历史悠久。由于蕹菜适应性强、产量高、栽培技术简单、供应期长且生产成本低，是夏秋季重要的绿叶类蔬菜之一。据测定，每100克蕹菜含蛋白质2.3克，脂肪0.3克，碳水化合物4.5克，粗纤维1克，胡萝卜素2.14毫克，维生素$B_1$0.06毫克，维生素$B_2$0.16毫克，维生素C28毫克，钙100毫克，磷37毫克，铁1.4毫克，钾218毫克，钠157.8毫克，镁30.7毫克。蕹菜具有清热、解毒、利尿、止血的功效。主治便秘、便血、痔疮、痈疽、蛇虫咬伤等病症。全株可入药，有明显的食疗作用。蕹菜主要食用嫩茎叶，口感清脆爽滑，可炒食、凉拌、煮汤，营养丰富。

（一）生物学特性

1. 植物学性状 蔓生植物，一年生或多年生。蕹菜实生苗根系发达，主根明显，深可达20～30厘米。扦插苗易生不定根，数量多，分布浅。茎蔓性，节间中空，前期直立，后期呈匍匐或缠绕

状生长，长可达1～5米。分枝能力强，节部易生不定根。茎粗可达1～1.5厘米，茎截面近圆形或圆形，茎色有白色、浅绿、深绿、浅红及紫红色等。叶互生，不同品种间或同一品种植株不同生育期叶形均有较大差异。成熟叶片有披针形、长卵形、阔卵形或近圆形，叶基楔形、心形或戟形，叶尖锐或钝，全缘，叶面平滑或微皱。大叶品种叶片长、宽均可达20厘米以上，而小叶品种叶片有的长不足10厘米、宽不足1厘米。叶色浅绿或深绿。花两性，合瓣，漏斗状，花径5～7厘米，花瓣白色。花序腋生，每花序有花3～20朵。蒴果，每果结籽4粒，种皮褐色或深褐色，种皮外披短绒毛，半圆形或三角形，千粒重32～47克。

2. 对环境条件的要求　蕹菜喜高温多湿，不耐霜冻，遇霜冻茎叶即枯死。种子萌发适温20～35℃，茎叶生长适温25～30℃，能耐35～40℃的高温，15℃以下生长缓慢，10℃以下停止生长。

蕹菜为短日照植物，喜充足的阳光。在短日照条件下易开花结籽，但不同品种对日照长短的敏感性有较大差异。原产珠江流域及其以南地区的地方品种，引种长江流域后，常表现为结籽能力下降或不能结籽。有些对日照敏感的品种，其幼苗达12片左右真叶时，才能受短日照的诱导而转向生殖生长。

蕹菜生长需要较高的空气湿度和土壤湿度，空气干燥，土壤水分不足易导致纤维增多，产量和品质下降。蕹菜对土壤适应能力较强，对土壤质地和pH要求不严，但以有机质含量丰富，保水保肥能力强的黏土种植效果较好。蕹菜以采收嫩梢、嫩叶为主，生长迅速，生长量大，采收期长，对水肥需求量大，需不断补给充足的肥料才能获得丰产。

（二）主要品种

1. 吉安大叶蕹菜　原产江西吉安，长江流域引种较多。蔓性强，分枝多，长势旺，较耐低温，早熟，采收期长。株高45厘米，主蔓粗约1.2厘米，节间长12厘米。叶片绿色，阔卵形或卵形，叶基耳垂形，叶尖锐或钝，叶面平滑。成熟叶片长18～22厘米、宽15厘米，叶柄长16～24厘米、粗0.5～0.68厘米。白花，花序腋生，结籽性强。品质好。早栽每亩产量4 000千克。

2. 大鸡青 广州郊区农家品种。生长势壮旺，分枝较多，株高37厘米，开展度30厘米。叶长卵形，长12厘米，宽6.5厘米，绿色，叶脉明显，茎粗大，浅绿色，横径0.8～1.0厘米，节间较密，花白色。抗逆性强，较耐寒，耐风雨，质稍粗，品质中等。播种至初收约70天，每亩产量为6 000千克。

3. 泰国蕹菜 由泰国引进。株直立至匍匐，株高45～50厘米。主蔓粗约1厘米，节间长8～12厘米。茎浅绿色，管壁薄。叶色浅绿，叶片长卵形至披针形，叶尖锐尖或钝尖，叶基耳垂形，叶面平滑。叶片长13.5厘米、宽7.7厘米。花期较晚，结籽量少。质地脆嫩，品质优良，每亩产量为3 500～4 000千克。

4. 鸡丝蕹菜 原产广东。前期直立，后期蔓性，株高37～40厘米。茎叶深绿色，主蔓粗0.8厘米，节间长10.3～12厘米。叶片披针形，叶尖锐尖或钝尖，叶基心形，叶面平。前期叶片为窄披针形，宽1厘米以下。成熟叶片长10.8～17.5厘米、宽3.2～6.6厘米，叶柄长8～15厘米、粗0.28～0.45厘米。花白色。质脆、味浓，品质优。每亩产量为3 500～4 000千克以上。

5. 剑叶蕹菜 广州市郊农家品种。生长旺盛，分枝性强，株高40厘米，开展度28厘米。叶披针形，长14～17厘米，宽2～3厘米，深绿色。茎较粗硬，青绿色，横径0.8厘米，节间较密，花白色。耐风雨，抗逆性强，纤维稍多，品质中等。播种至初收约60天，每亩产量为4 000千克。

（三）栽培技术

蕹菜一直作为重要的夏秋绿叶蔬菜栽培。近年来，各地推广大棚十小棚两层覆盖春提早栽培技术，蕹菜上市期提前近2个月，取得了较好的经济效益。

1. 育苗

（1）*品种及播期* 大棚蕹菜春提早栽培，应选择适应性强、产量高的品种，如吉安大叶蕹菜、大鸡青、剑叶蕹菜、鸡丝蕹菜等品

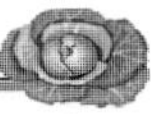

种。多采用育苗移栽的方法，适宜播种期为2月上中旬。

（2）*苗床准备*　苗床一般设在大棚中段，提前深翻土地，平整后做成宽1米、长6米的平畦，每畦施生物有机肥30千克左右，翻匀耙平后浇足底水备用。

（3）*浸种催芽*　蕹菜种子的种皮厚而硬，直接播种因温度低而发芽慢，如遇长时间的低温阴雨天气，会引起种子腐烂。因此，播种前最好先行催芽。用30℃左右的温水浸种16～18小时，然后用纱布包好置于30℃的催芽箱内催芽，当种子有50%～60%露白时即可进行播种。

（4）*播种*　撒播或条播，每亩用种量为10～15千克，可移栽大田10～15亩。撒播，先将种子与细沙混匀后播种，播后用细土覆盖，覆土厚1厘米左右；条播，可在畦面上横划一条2～3厘米深的 浅沟，沟距15厘米，然后将种子均匀地撒施在沟内，再用细土覆盖，最后用旧地膜覆盖畦面，保温保湿，出苗后及时揭开地膜。

2. 定植

（1）*整地施肥*　蕹菜生长速度快，分枝能力强，需肥水较多，宜施足基肥。一般冬前结合耕翻土地，每亩施入腐熟有机肥2 000千克左右，复合肥50千克，充分与土壤混匀，做高畦。畦高20厘米，畦面宽度根据大棚宽度灵活掌握。

（2）*大棚搭建*　采用钢架大棚或竹木结构大棚。钢架大棚一般跨度在5～6米，高度在2.2米左右，内设两个竹架小棚，小棚宽2～2.5米；竹木大棚一般跨度在4～5米，每架用两根长7米的毛竹相向搭建而成，棚内分两畦，每畦宽1.6～2米，畦上覆盖小棚。

（3）*定植方法*　定植前1周，苗高10厘米，4～5片真叶时，适当降低棚温，低温炼苗后备栽。定植前一天，苗床浇大水，便于第二天起苗时带土移栽。采用穴栽的方法，每穴3～5株，穴距20厘米，栽后浇透水，及时搭好小棚保温，隔1天再浇1次缓苗水。

3. 大棚管理

（1）*温湿度管理* 早春蕹菜大棚栽培时，气温低，湿度大，且持续的低温阴雨天气时间长，对喜温的蕹菜生长极为不利，因此保温防寒是春提早栽培的关键。播种后，应及时密封好大棚，保证棚内温度高于10℃，否则会引起冻害；中午阳光充足、温度较高时，加强通风排湿，尽量避免棚温高于35℃，防止植株发生高温障碍，以保持植株的旺盛生长，提高产量。

（2）*肥水管理* 蕹菜是多次采收的作物，除施足基肥外，必须进行多次分期追肥才能取得高产。幼苗期每亩用复合肥15～20千克和尿素3千克混合施用；采收期每采收1次，每亩用尿素10千克追肥。蕹菜需水量较大，应经常浇水以保持土面湿润。

（3）*病虫害防治* 大棚蕹菜主要病害有苗期的猝倒病和茎腐病，多因低温、高湿引起，可以通过通风降湿减轻病害的发生。发病初期可用75%百菌清600倍液或25%瑞毒霉800倍液喷雾防治。主要虫害有螨类和红蜘蛛，可用克螨特1 000倍液或卡死克1 500倍液喷雾防治。

（4）*采收* 蕹菜适时和恰当的多次采收，是高产优质的关键。一般播种后35～45天，主蔓生长到35厘米高时行第一次采收，在采收第一、第二次时，留基部2～3节采摘，以促进萌发较多的嫩枝而提高产量。采收3～4次后，应适当重采，仅留1～2节即可，否则，发枝过多，生长纤弱缓慢，影响产量和品质。

四、早春大棚苋菜高产高效栽培技术

苋菜叶富含易被人体吸收的钙质，对牙齿和骨骼的生长可起到促进作用，并能维持正常的心肌活动，防止肌肉痉挛。同时含有丰富的铁、钙和维生素K，可以促进凝血，增加血红蛋白含量并提高携氧能力，促进造血等功能。苋菜中不含草酸，所含钙、铁进入人体后很容易被吸收利用。

苋菜生长期30～60天。露地栽培，在全国各地的无霜期内，可分期播种，陆续采收。

（一）类型与品种

苋菜按其叶片颜色的不同，可以分为3个类型：

1. 绿苋　叶片绿色，耐热性强，质地较硬。品种有上海的白米苋、广州的柳叶苋及南京的木耳苋等。

2. 红苋　叶片紫红色，耐热性中等，质地较软。品种有重庆的大红袍、广州的红苋及昆明的红苋菜等。

3. 彩苋　叶片边缘绿色，叶脉附近紫红色，耐热性较差，质地软。有上海的尖叶红米苋及广州的尖叶花红等。苋菜喜温暖，较耐热，生长适温23～27℃，20℃以下生长缓慢，10℃以下种子发芽困难。要求土壤湿润，不耐涝，对空气湿度要求不严。属短日性蔬菜，在高温短日照条件下，易抽薹开花。在气温适宜，日照较长的春季栽培，抽薹迟，品质柔嫩，产量高。

（二）高产高效栽培技术

利用大、中棚套小拱棚栽培的苋菜，可成为早春棚栽蔬菜最早上市的品种之一，栽培效益可观。苋菜也可与塑料大、中棚栽培的茄果类、瓜类、豆类等早熟蔬菜间套作。

1. 品种选择　苋菜品种分为圆叶种和尖叶种。圆叶种，如上海白米苋、青米苋、花叶苋、蝴蝶苋、花叶苋菜等，叶圆形，叶面皱缩，生长较慢，迟熟，产量较高，品质较好，抽薹开花较迟。尖叶种，如广州柳叶苋、尖叶红米苋、尖叶花红苋等，叶披针形或长卵形，先端尖，生长较快，较早熟，产量较低，品质差，易抽薹开花。大棚套小拱棚早熟栽培宜选用尖叶种。

2. 整地施基肥　选择排灌方便、杂草少的地块，在播种前10～15天翻耕土壤，翻耕深度在15～20厘米，亩施腐熟优质土杂肥5 000千克、三元复合肥25千克、石灰150千克，将土块整细耙匀，使床土耕作层深厚、肥沃、松软。将土肥充分混匀后做畦，最好做成深沟高畦，畦宽1.2～1.5米。整地后即覆盖大棚膜，必要时可在大棚内搭建小拱棚，并覆盖薄膜预热。

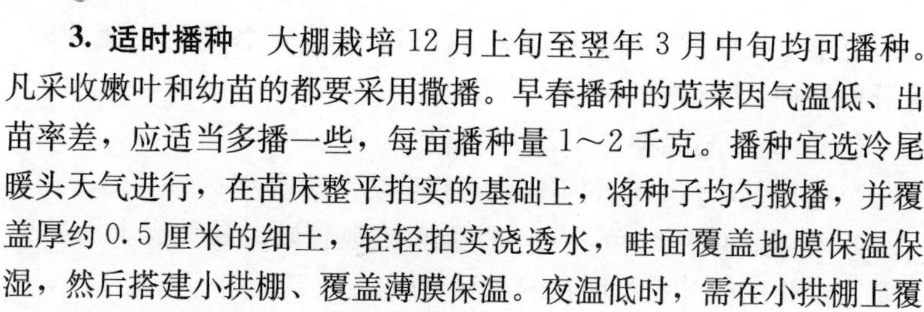

3. 适时播种 大棚栽培12月上旬至翌年3月中旬均可播种。凡采收嫩叶和幼苗的都要采用撒播。早春播种的苋菜因气温低、出苗率差，应适当多播一些，每亩播种量1～2千克。播种宜选冷尾暖头天气进行，在苗床整平拍实的基础上，将种子均匀撒播，并覆盖厚约0.5厘米的细土，轻轻拍实浇透水，畦面覆盖地膜保温保湿，然后搭建小拱棚、覆盖薄膜保温。夜温低时，需在小拱棚上覆盖草苫、遮阳网或无纺布等保温材料。

4. 田间管理

（1）*温度管理* 早春播种的苋菜，由于气温较低，播种后7～10天内以闭棚保温保湿为主。种子发芽出土后，迅速揭去地面覆盖的地膜，一般晴天中午可适当通风，气温较低时夜间应加强覆盖。在大棚内日平均温度达到20℃时，可拆去小拱棚。进入3月下旬后，气温上升，晴天中午通风时间应适当延长，使大棚的温度不高于32℃。

（2）*肥水管理* 出苗后，如果畦面干燥，可适当洒水。当植株有3～4片真叶时，可选择暖和晴天的中午洒水，棚内补水必须及时；如遇雨涝，应立即排水。

当幼苗有2片真叶时进行第一次追肥，12天后进行第二次追肥，第一次采收后及时进行第三次追肥，以后每采收1次追肥1次，施肥以速效氮肥为主，每亩施尿素10千克左右，不宜用粪肥，也不宜用碳酸氢铵。

（3）*病虫害草防治* 早春栽培的苋菜病虫害较少，有时有猝倒病发生，可在控制大棚湿度的基础上，用百菌清等药剂防治，蚜虫可用吡虫啉或抗蚜威等药剂防治。苋菜播种量较大，出苗紧密，在采收前杂草不易生长；采收后苗距加大、杂草生长较快时，要及时清除杂草。

5. 采收 春播苋菜，播种后40～45天，当植株有7～8片真叶，株高10～15厘米时，可根据市场行情及时采收，第一次采收宜间拔过密植株，以后的各次用刀割取幼嫩茎叶即可，一般可连续采收3～4次。

五、大棚马兰栽培技术

马兰又称马兰头、红梗菜、鸡儿菜、路边菊、田边菊、竹节草等。属菊科马兰属多年生宿根性草本植物。是过去居民普遍采食的野生蔬菜，现在反而成了稀有的蔬菜品种之一。由于在自然条件下，只能每年收获早春一季，如通过人工及设施覆盖栽培，能够延长生产和供应季节，有较好的发展前景。

（一）生物学特性

1. 植物学特征　马兰地上部分为地上茎，地上茎圆形直立，茎高（株高）可达30～60厘米，茎粗0.5～0.7厘米，茎基部紫红色，从下至上颜色变淡，具有分枝，分枝多。植株丛生，基生叶和茎下部叶宽卵形，茎中部叶互生质薄，长7厘米、宽2厘米左右，茎部渐狭，边缘有疏粗齿或羽状浅裂，顶端钝或尖，叶片主脉三条基出，中部以上的叶片边缘具不规则锯齿，两面近乎光滑或少有短毛；茎上部叶倒披针形或椭圆形，叶片渐小，全缘。头状花序单生于枝端，并排成疏伞房状，直径约2.5厘米，苞片略带紫色，总苞2～3层，倒披针形；花序外围周缘是一层淡紫色舌状花1列，雌性；中央是多数黄色管状花，两性。果为瘦果，扁平，深褐色，倒卵状椭圆形，冠毛较少。种子无胚乳，能繁殖，千粒重约1.6克，发芽力可保持5年。马兰头地下部分为地下茎，为细长根状茎，在土中横向匍匐平卧生长，分布于10～20厘米的土层内，白色，无限生长，匍匐茎上有节，节间短，节上着生根芽，均能生长发芽繁殖。

2. 对环境条件的要求　马兰原产亚洲南部及东部，性喜冷凉湿润的气候条件，适应性强，抗寒、耐热、耐旱、耐涝，短期内积水，不影响植株生长。喜充足光照，种子在红光下发芽好。种子发芽适温20～25℃，当地温回升到10～12℃和气温回升到10～15℃时，嫩茎叶就开始迅速萌发生长。生长期间晴天多、日照充足，在适温范围内植株生长迅速，生长适温15～25℃，在25℃以上生长较慢，高温下叶片易纤维化，品质下降。气温在10℃以下，植株生长缓慢，在－5℃的低温下，植株不会受冻。地下匍匐根状茎能在－10℃安全越冬。马兰适应性广，抗逆性强，栽培时宜选肥沃土壤，提高品质和产量。

（二）马兰的品种类型

马兰品种很多，常见的有3个品种和3个变种。野生种有尖叶、板叶、碎叶之分。尖叶马兰叶片窄长，早春萌发早，生长快，上市早，但产量一般；板叶品种叶椭圆形，大而厚，萌发略迟于尖叶品种，但产量高，品质好；碎叶品种叶片小，产量低，萌发迟，品质较差。生产上主要选用红梗椭圆形叶马兰和青梗披针形叶马兰两种。红梗品种香味浓郁，食用、药用价值高，采集时从香味和叶脉上区别。

（三）繁殖方法

马兰的繁殖有种子繁殖、根茎繁殖和分株繁殖三种方法，以根茎繁殖和分株繁殖生长快。用根状茎繁殖时，于9月份至大地封冻前或春季采挖野生马兰的根茎收集起来，根上带的泥土要保留，以防脱水风干。将马兰的地下根茎剪成10厘米长、带有3～4个芽的根段，根段越粗越好。或把大种株掰成带有主枝和根茎的若干小种根，从根茎部分开，每块小种根长有马兰主茎3～4枝。把马兰根段平铺在沟底，芽朝上，须根舒展，按10厘米×10厘米的行株距定植到大田。分株繁殖春、秋季均可进行。春季4～5月将植株连根挖出，剪去地下部多余的老根，将已有根的侧芽连同一段老根切下，按株距25厘米移栽到整好的畦面上，每穴3～4株，踏实，浇足水，5～7天成活。秋季分株栽种，一般于8月下旬至9月上旬，在留种地选取生长健壮的植株，连根挖起，地上部留10～15厘米，分株并剪除多余老枝、老根，将已有的侧芽连同一段老根切下，移栽到整好的畦面上，每穴定植3～4株，穴间距及行距均为10厘米，一般5～7天可成活。成活后及时追肥，以促发棵。

（四）栽培技术

1. 选地整地 马兰对土壤适应性很强，但宜选择水利设施好、

排灌方便的土质疏松、肥沃、湿润的壤土或沙质壤土和杂草少的地块。播种或定植前深翻土地，晒垡，整细耙平，开挖畦沟。畦的宽度和长度根据田块大小和大棚覆盖标准而定，一般土地利用率要求在90%以上。把好除草关和施足基肥是获得马兰安全、优质、高产的基础，不可掉以轻心。施足基肥，结合整地于定植前每亩施腐熟优质猪厩肥1 500～2 000千克，或速效氮肥100千克。移栽前人工拔除杂草，或用无公害除草剂喷杀。

2. 播种育苗　马兰播种时间和播种量，一般春季播种，在2月下旬至3月上中旬进行，用种量为每亩500～700克。播种方法用撒播，然后用木板轻轻地压实，让种子与泥土紧紧地接触，使种子充分吸水，促进出苗。条播按行距25～30厘米开沟，沟深约1厘米，播后稍加镇压，浇透水，上覆一层塑料薄膜或稻草，以利保温保湿，防止板结。种子萌芽出土后，揭去覆盖物，保持畦面湿润。

3. 分株栽种　每年春季或秋季均可进行，大棚覆盖栽培一般秋季栽种。于秋季8月上旬至10月下旬，将马兰头种株连地下茎挖出后，剪去老枝及衰老的根系，截去嫩的部分，再切成10～15厘米一根小段，5～6根一簇，按一定株行距将茎段穴栽或斜铺在开好的沟中，沟深10～15厘米，沟间距20～25厘米，露出地面5～10厘米，覆土后踏实，浇透水一遍。是当前大棚覆盖马兰头生产的主要栽培方式。

4. 田间管理

（1）苗期管理　播种后保持畦面湿润，15天左右出苗，出苗以后，适时除草。当幼苗长出2～3片真叶时，可第一次追肥，每亩施入腐熟的稀薄人粪尿液750～1 000千克。第二次追肥宜在采收前1周施入，以后每采收1次，追肥1次，施肥量不宜过重，以氮肥（尿素）为主，配施磷、钾肥。

（2）中耕除草、间苗　当幼苗长到5～8片真叶时，开始间苗、补苗、匀苗，保持适当的株间距。除草坚持“除早、除小、除了”的原则。

(3) 肥水管理　在第一次采收马兰头的前7～10天应追加1次施肥，仍以稀薄人粪尿液为主。以后每采收1次，追施1次稀粪水。也可以在每亩地内，将尿素5～8千克，钾肥2～3千克对水稀释施入，注意化肥的施用量不要太多。

(4) 多种覆盖　11月中下旬，日均温度10℃左右时用塑料大棚覆盖，冬季可有产量。大棚可选用简易毛竹大棚，或用可移动钢架大棚等，以大、中棚覆盖为主，也可小棚覆盖，或者大、中棚＋小棚。进入12月份要将大棚四周封严，白天保持棚内温度为18℃左右，空气相对湿度65%～70%，浇水后及时通风。遇到寒冷深冬，可在大棚内加盖小拱棚覆盖和二棚覆盖，以保持棚内温度为适宜温度。大棚马兰是一种一年四季均可采收的蔬菜，且栽种一次可连续采收多年。

(5) 温湿度控制　白天保持20～25℃，夜间保持10～15℃为宜。盖棚后，前期温度较高时，应注意通风降温；中期温度低，应注意保暖，必要时加盖草帘等；2月中旬后温度较高时，应加强通风降温。

(6) 病虫防治　主要病害为灰霉病、白粉病、白绢病、霜霉病、枯萎病。农业防治、降低田间湿度，及时清除田内和四周杂草，烧毁或深埋病株。化学防治：所有农药采收前10～14天禁用。灰霉病防治，50%速克灵可湿性粉剂1 000～1 500倍液或50%扑海因可湿性粉剂1 000倍液喷雾；白粉病防治，20%三唑酮乳油1 500倍液或36%甲基硫菌灵悬浮液500倍液，或25%粉锈宁可湿性粉剂每亩使用50克药剂喷雾；白绢病防治，发病初期用90%敌克松可湿性粉剂500倍液淋灌，7～10天1次，每株用药0.4～0.5升，防治2～3次；霜霉病防治，72%克露或72.2%普力克水剂800倍液喷雾。

(7) 其他管理　剪薹，夏季或秋季如有抽薹开花者，及时剪去花枝。及时摘除老叶和清除田间杂草，促进嫩茎、嫩叶快速生长。

5. 及时采收　马兰头一般出苗后30～40天即可采摘幼苗，幼嫩的马兰头茎白叶绿，萌芽生长约有12厘米时即可采摘。而采收

的方式有两种，常用的大多是一次性整齐收割，另一种采用收大留小的方式采收。如果大棚覆盖栽培，大棚内温湿度条件适宜，马兰头生长迅速，采收前3～5天，棚内中午前后要进行通风换气，提高马兰品质。一般元月上中旬开始采收，则能连续采收3～4次。一般每年可采收4～6次，每次每亩可采收500～800千克。

六、大棚芦蒿栽培技术

芦蒿，以鲜嫩茎秆供食用，清香、鲜美，脆嫩爽口，营养丰富。特别是随着城市居民消费水平的提高，芦蒿作为一种高档保健蔬菜消费。由于芦蒿含有多种维生素和钙、磷、铁、锌、硒等多种矿物元素，富含纤维素和香脂成分，尤其是芦蒿抗逆性强，很少发生病虫害，所以是一种无污染的绿色食品，深受消费者所喜爱，成为一种绿色保健蔬菜。近几年来，其需求量逐年增加，发展芦蒿大棚早熟栽培，有着良好的市场前景，又能取得较高的经济效益。

（一）生物学特性

芦蒿又名蒌蒿、藜蒿、水蒿等，为菊科多年生宿根性草本植物。芦蒿本是野生，现作为一年生蔬菜栽培。芦蒿根系发达，须根着生于地下茎上，须根密生根毛，吸收肥水能力极强。地下茎白色，新鲜时柔嫩多汁，既是繁殖器官，又是养分贮藏器官。入土深15～25厘米，长可达30～40厘米，粗0.6～1.0厘米，节间长1～2厘米，节上有潜伏芽，能抽生地上茎，直立，成株高1～1.5米，茎粗1～2厘米。食用嫩茎青绿色、淡绿色或略带紫色，长25～30厘米，粗0.3～0.5厘米。叶片绿色，羽状深裂，裂片边缘有粗钝锯齿。秋初，顶端和叶腋抽生头状花序，直立或下垂，有短梗，多数密集狭长的亚总状花序。花黄色，内层两性，外层雌性，每花序能结瘦果约1个，瘦果细小。果实黑色，无毛，老熟后易脱落。芦蒿性喜冷凉湿润气候，耐湿、不耐干旱。采取保护地栽培，上市期能提早到上年12月中下旬。芦蒿适宜温度范围较广，喜阳光充足的生长环境，只是在强光下嫩茎易老化。对土壤要求不严，但以肥沃、疏松、排水良好的壤土为宜。只要温度适宜，可周年生长，无明显的休眠期。

（二）品种与特性

野生芦蒿嫩茎中纤维多，香味浓，但有苦涩味。通过多年对芦蒿野生种进行选择家种，形成了 5～6 种产量高、质优味佳的栽培种。

1. 按叶形分 分为大叶型蒿、碎叶型蒿和嵌合型蒿三种。

（1）大叶蒿 又名柳叶蒿，叶羽状三裂，嫩茎青绿色，清香味浓，粗而柔嫩，较耐寒，抗病，萌发早，产量高。

（2）碎叶蒿 又名鸡爪蒿，叶羽状五裂，嫩茎淡绿色，香味浓，耐寒性略差，品质好，产量一般。

2. 按嫩茎颜色分 可分为白蒿、青蒿和红蒿三种。青芦蒿：嫩茎青绿色。经过试验示范种植，已筛选出了适合大棚早熟高产栽培的优良品种为大叶青秆蒿，该品种的特点是茎秆青绿色，粗而柔嫩，清香味浓，较耐寒、抗病，生长萌发期比白蒿和红蒿早 7 天左右，比白蒿和红蒿产量增加 10%～15%。白芦蒿：嫩茎浅绿色。

（三）生产技术

1. 田块选择 芦蒿喜湿耐肥，在湿地和浅水中均可生长良好，因此，种植芦蒿的田块以选用潮湿、肥沃的沙壤土为佳。同时必须选择前茬为非菊科作物的田块种植。

2. 整地施肥 种植前 1 个月进行深翻晒垡，结合整地施足底肥，每亩分层施入腐熟厩肥 4 000 千克或腐熟饼肥 150 千克左右、复合肥 150 千克，然后整地作畦，做成畦宽 1.5～2 米、畦长 30～60 米，达到深沟高畦。

3. 繁殖方式

（1）种子繁殖 3 月上、中旬将芦蒿种子与 3～4 倍干细土拌匀直接播种，采用撒播、条播均可。条播行距 30 厘米左右，播后覆土并浇水，一般 3 月下旬即可出苗，出苗后及时间苗、匀苗，移苗补缺。

（2）分株栽种　5月上中旬，在留种田块将芦蒿植株连根挖起，截去顶端嫩梢，在筑好的畦面上，按行株距45厘米×40厘米每穴栽种1～2株，栽后踏实浇透水，经5～7天即可活棵。

（3）地下茎繁殖　地下茎挖出后，去掉老茎、老根，剪成小段，每段有2～3节，在筑好的畦面上每隔10厘米开浅沟，将每小段根茎平放在沟内，覆薄土，浇足水。

（4）扦插繁殖　每年6月下旬至8月，剪取生长健壮的芦蒿茎秆，截去顶端嫩梢，将茎秆截成20厘米长小段，在筑好的畦面按行株距35厘米×30厘米，每穴斜插4～5小段，地上露1/3，踏实浇足水，经10天左右即可生根发芽。

4. 适时定植　芦蒿多采用无性繁殖，可用半木质化茎秆或根状茎进行移植，一般常用芦蒿茎秆繁殖，每亩用量约150千克左右。芦蒿适宜定植时间为5～8月，其中以6～7月定植最佳，产量高。将株高60厘米左右半木质化的芦蒿茎秆从基部近地面割下，去掉顶端的嫩梢，在畦面上按行距30～40厘米开沟，沟深6厘米左右，然后按株距20～25厘米沿沟依次把茎秆相连平铺入沟中，覆土后使茎秆有3～5节露出地面，浇透水，保持土壤湿润，促使茎秆在土壤中能尽快生根，提高成活率。每亩种植密度为1万株左右。

5. 田间管理　搞好生长期田间管理，是芦蒿大棚栽培获得早熟高产的关键。在芦蒿的生长期满足肥水供应，促使芦蒿旺盛生长。但是，要求在7月下旬至8月中旬对芦蒿进行打顶摘心，控制生殖生长，促使芦蒿地上部分的大量养分向根状茎集中积累，为棚栽芦蒿高产打下良好的基础。还需注意清除杂草。芦蒿地下茎主要分布在5～10厘米土层内，栽种活棵后，要及时拔除田间杂草，促使根系发育良好，累积更多养分。芦蒿耐湿性很强，不耐干旱，高温干旱季节要经常浇水，保持田间湿润，促进生长。

6. 覆盖大棚　一般在初霜后，及时齐地面割除芦蒿地上部分，并清除田间枯叶和杂草。在大棚盖膜之前，结合中耕松土，每亩施尿素40～50千克，并浇1次透水，5～7天后扣棚盖膜。大棚芦蒿从萌发到采收上市约需 40 天，因此，可根据上市期安排，提前 40 天进行盖膜。一般 11 月初以后在大棚内用地膜直接浮面覆盖在植株上，棚四周压严压实。如土壤湿度过大，则地膜覆盖可推迟进行。晴天中午要在背风处通风换气以降低棚内空气湿度。为了能够均衡供应上市，可分期分批进行盖膜，覆盖大棚的薄膜可选用 0.08～0.1 毫米厚度的聚乙烯长寿无滴防老化膜。大棚盖膜后的田间管理以温度管理为主：晴天，白天棚内气温控制在 17～23℃，超过 25℃，应在背风处适当通风；阴雨天，棚内温度控制在 12～16℃；夜间气温低于 10℃时要在芦蒿上加用地膜浮面覆盖，气温低于 0℃时大棚上要加盖草帘保温。

7. 防治病虫　芦蒿生长期间病虫害有时也有发生，主要虫害有蚜虫、虫瘿、玉米螟、棉铃虫、刺蛾及芦蒿大肚象等害虫，可用抑太保、卡死克、菊酯类等高效低残留农药进行防治。病害主要注意防治叶霉病、锈病等，可用多菌灵或粉锈宁防治。

8. 激素处理　芦蒿在大棚栽培条件下，对植株喷洒赤霉素，可以促进地上部分生长，能使茎秆粗而嫩，对促进早熟高产具有显著效果。激素处理方法是：按每克赤霉素对水 12 千克的比例配成水溶液，每亩需用 3～4 克赤霉素，在芦蒿上市前 1 周、苗高 5～10 厘米时，均匀喷洒在植株叶面上，可提早上市。

9. 适时采收　大棚覆盖栽培芦蒿，一般覆盖后 40～45 天，株高 20～25 厘米时即用利刀在芦蒿基部平地面割下，嫩茎上除保留极少数心叶外，其余叶片全部抹除，扎捆码放在阴凉处，用湿布盖好经 8～10 小时的简易软化，即可上市。如需外销，则需将嫩茎在干净的清水里浸泡一下，可以防止运输过程中发热、失水而发生木质化，保持嫩茎清香和鲜嫩。第一茬采收后，应立即清除杂草、枯叶，并追施肥水，每亩追施 5～10 千克尿素，再覆盖薄膜，以后管理同第一茬。这样再经 45～50 天，第二茬即可采收上市。一般大棚芦蒿冬春季可收获 2～3 茬，亩产量达 800～1 000 千克。但大棚芦蒿需要预留一块地方，只能采收一次，作为留种田，以保证种株健壮，为移植后次年夺取高产打下基础。

七、大棚本芹多层覆盖栽培技术

芹菜属伞形科芹菜属中二年生草本植物。本芹又称中国芹菜，是芹菜的一个类型。芹菜是高纤维食物，含有较丰富的矿物质、维生素和挥发性芳香油，具特殊香味，有促进食欲的作用。常吃芹菜，尤其是吃芹菜叶，对预防高血压、动脉硬化等都十分有益，并有辅助治疗作用。

（一）生物学特性

1. 植物学性状　芹菜株高60～100厘米。根系较浅，叶直立簇生于短缩茎上，二回羽状复叶，叶柄发达，中空或实，色深绿，黄绿或白色，其上有数条纵棱纹，有特殊香气。花为复伞形花序，花形小，淡黄色或白色，常异花授粉。果实二室，成熟时裂成两半，有香气，果皮为革质，又有油腺，发芽较慢，千粒重0.4克。

2. 对环境条件的要求　芹菜根系发达，主根受伤后能迅速地形成大量侧根，适于育苗移栽。但芹菜根系浅，对空气湿度和土壤水分的要求较高，既不耐旱，也不耐涝，适于保水、保肥力强的壤土或黏土中生长，对肥料的要求全生长期以氮肥为主。芹菜属较耐寒、喜冷凉而不耐炎热的蔬菜，种子在4℃时开始发芽，以15～18℃为最适宜，营养生长适宜温度15～20℃。在空气干燥、温度高于20℃时生长不良，超过30℃叶片发黄，10℃左右生长缓慢，6～7℃仍能生长。幼苗能耐－5～－4℃低温，成株可耐短时间－8～－7℃的低温。芹菜系耐阴性作物，营养生长期对光的要求不太严格，但光照过弱，生长瘦弱，品质、产量下降，适宜于温室、塑料棚中栽植。芹菜为浅根作物，应保持土壤含水量在70%～80%，地皮一干就应浇水。宜选择肥沃的黏质壤土为好，pH在5～6为宜。在施足底肥的同时，重视追施氮肥。

（二）主要品种

1. 津南实芹　系天津地方优良品种，生长势强，株高90厘米左右。叶片绿色，叶柄浅绿色，长 52 厘米，宽约 1.5 厘米。实心，纤维少，药香味中等，中熟，抗逆性较强，耐贮运。春季栽培不易抽薹。单株重约 250 克，亩产 5 000～6 500 千克。

2. 天园实芹 天津市农业科学院园艺研究所选育而成。株高 80～90 厘米。叶绿色，叶柄浅绿色，实心，纤维少，商品性好。从定植到采收 70～80 天，单株重 500 克左右，亩产 5 000～6 000 千克。抗寒耐热，较抗叶斑病，可四季栽培。

3. 雪白实芹 新育成的一代品种，其品质、抗病性、丰产性均优于其他同类品种，植株高可达 70 厘米。叶嫩绿肥大，叶柄宽厚，实心，腹沟深，雪白晶莹，口感脆嫩，香味浓。耐热抗寒，生长快，长势强，可四季栽培。

4. 金黄芹菜 新选育品种，适宜我国大部分地区栽培，抗病性、丰产性极为突出。植株高大，长势强，株型较紧凑。叶柄半圆筒形，呈柔和蛋黄色。纤维少，质脆，香味浓，产量高。

5. 雪白芹菜 新选育品种，适宜我国大部分地区栽培，其抗热、耐寒性较为突出。株型紧凑，株高 50～60 厘米。叶柄下部呈乳白色，逐渐从下至上过渡为大白色，叶柄半圆筒形，纤维少，味脆嫩可口，产量高。

（三）栽培技术

大棚栽培芹菜，可充分利用大棚的保温和增温作用，在早春提前种植和收获，在晚秋又可通过大棚覆盖，使西芹延迟采收，比露地栽培获得更高的经济效益。盐城地区大棚芹菜以早春提早栽培为主，其栽培技术如下。

1. 育苗

（1）品种及播期 宜选用抗寒能力强、不易发生抽薹或抽薹晚、高产、优质的品种，如津南实芹、雪白芹菜等品种。芹菜每亩大田需用种 500 克。育苗场地应和生产田块隔离，宜集中育苗或专业育苗。大棚芹菜春提早栽培适宜播期为 1 月上旬至 2 月上旬。

（2）苗床准备 苗床应选地势高燥、排水良好的地块，在早已搭好的钢架大棚内，做宽 1.2 米、深 20 厘米的凹床，下垫一层旧

草帘和一层旧地膜防水隔热，然后铺地热线，再密排穴盘，并浇足底墒，盖膜保温。

（3）*催芽播种*　芹菜种子发芽对温度要求严格，低温季节播种，要进行种子处理，否则难以发芽。常用的方法是：先用 15～20℃的清水浸泡种子 24 小时，然后轻轻搓揉种子，换水清洗几遍，在阴凉处稍晾，种皮半干时用湿纱布包好进行催芽，温度以 15～20℃为宜，期间每天应翻动淘洗 1～2 次，以增强通气性，并使种子见光。5～7 天后，80%种子即可出芽，在散失部分水分后即可播种。还有一种方法是对种子进行变温处理，具体方法是：用15～20℃的清水浸泡种子 24 小时后，再将种子搓洗干净，放在 15～20℃的催芽箱内，经过 12 小时后，将温度升至 22～25℃，再经过 12 小时后，将温度重新降回到 15～20℃。这样，经过 3 天后种子就会发芽，而且出芽整齐健壮。

（4）*苗床管理*　因育苗时天气较冷，育苗是在大棚内进行，苗床穴盘覆土后盖上小拱棚、草苫子等。出苗前，尽量保持畦内昼夜温度 20～25℃，促进迅速出苗。待 50%的幼芽出土后，应降低苗床的温度，白天控制床温为 15～20℃，夜间 8～10℃。此期间温度过高，易徒长成“高脚苗”。这种“高脚苗”一不抗寒，二不高产。但是苗期外界气温很低，管理的关键是保温防寒。应采取一切措施保持苗床白天不低于 15℃，夜间不低于 8℃，这样有利于培育壮苗，延缓先期抽薹现象。在寒潮侵袭时，应采取增加覆盖物的措施，防止－3℃以下的低温冻伤幼苗。冬季经常发生连续阴冷的天气，在这种天气的中午，也应短时间揭开草苫子，使芹菜苗有短暂的见光时间。如果一味地保持床温而不揭开草苫子见光，往往会造成芹菜幼苗见光太少而黄化。这种黄化苗细弱，生长缓慢，如突然遇强光，很易卷叶致死。

在寒冷的 1 月份，土壤蒸发量小，无需浇水。在 2 月份，天气转暖，如土壤干旱，可浇小水。结合浇水，追施一次化肥，每亩施尿素 5～7 千克。

定植前 7～10 天，苗床通风降温，进行秧苗锻炼，白天保持

10～15℃，夜间8℃。通过低温锻炼，提高秧苗的抗寒力和适应性，保证定植的成活率，加快缓苗速度。但是，在进行秧苗低温锻炼时，夜间温度还应保持在8℃以上，尽量避免芹菜通过春化阶段时所需的低温条件。

（5）*苗期病虫防治*　防治蚜虫，用10%吡虫啉可湿性粉剂2 000～3 000倍液等进行喷雾防治。防治细菌性立枯病，用72%农用链霉素可溶性粉剂3 000～4 000倍液等进行喷雾防治。

2. 定植

（1）*定植时间*　幼苗长至4～6片真叶时即可准备定植，从播种到定植约需40～50天。定植宜选在上午10点以后进行。

（2）*选择田块及土壤处理*　选择近2～3年未种过芹菜，土壤中病菌基数低、线虫少的田块作为定植大田。如调茬困难，要用近年种过芹菜的田块作为定植大田，则应在定植前进行土壤处理，具体方法有水旱轮作、翻田后暴晒、水淹后覆膜暴晒、高温闷棚、药剂熏蒸消毒等。

（3）*整地施肥*　每亩大田施用优质腐熟粪肥1 000千克、尿素5～10千克、过磷酸钙50～70千克、硫酸钾20～30千克、硼砂0.5～1千克，施肥后深翻20厘米，使土肥混合均匀（过磷酸钙宜沟施），耙平后作畦。

（4）*定植方法*　移栽前，应浇一次透水，以利起苗。起苗时，应尽量带土，以提高成活率。缓苗后沟灌1次透水。选用健壮、无病的幼苗，按大、中、小苗分级分畦定植。畦宽1米，每畦定植6～7行，穴间距8～10厘米。每亩栽25 000～30 000株。具体栽培密度根据品种特性、土壤肥力、栽培季节长短、市场要求以及种植习惯等因素决定。

3. 大田管理

（1）*温度管理*　因早春温度较低，需提前20～30天扣上大棚膜，并搭好中棚和小拱棚，白天扣严塑料薄膜，夜间加盖草苫子保温，尽量提高设施内的地温。在地面下10厘米深处地温达到10℃以上，棚内夜间气温不低于8℃时方可定植。盐城地区钢架大棚宽

度一般为6米，在中间开沟，作成4条宽1米、高30厘米的定植畦，畦间开沟，宽约50厘米。用1.0米宽的黑膜平铺于畦面，2米长的竹片和2米宽的塑料薄膜于畦中搭成底宽1.2米、高60厘米的小拱棚，外用4米长的竹片和4米宽的防雾防滴保温膜搭成底宽2.5米、高1.5米的中棚。中棚外两侧各开1条深30厘米、宽40厘米的排水沟，与田边回沟相连。

定植后利用保温设施和通风的方法调节温度。定植初，缓苗期间应保持较高的温度，白天保持20℃左右，夜间10～15℃。待5～7天缓苗后适当降低温度，白天保持15～20℃，夜间8℃以上。

芹菜生长前期正值早春寒冷季节，外界气温很低，管理中应以保温为主。切勿使芹菜经常处于8℃以下的低温中，以防通过春化阶段而先期抽薹。生长后期，外界温度逐渐升高，应加强通风。白天超过20℃要及时放风。当白天外界气温保持在15℃以上时，完全揭开塑料薄膜，使芹菜接受自然光照。当夜间最低气温稳定在8℃以上时，可全部撤除塑料薄膜等覆盖物。这一时期应注意勿使保护设施内的温度过高，以免植株徒长，降低产量和品质。

（2）肥水管理　芹菜春早熟栽培中一般不进行蹲苗。定植后用肥水猛攻，促进生长，以免营养生长受抑制而加速抽薹开花。定植后及时浇定植水，缓苗后根据土壤情况再浇1次缓苗水。如果定植期较早，气温低，土壤蒸发量小，土壤湿润，则不必浇缓苗水。缓苗后进行1次中耕除草，提高地温，促进根系发育。生长前期浇水次数应少些，以免过度降低地温，影响生长，但要保持土壤湿润。随着外界气温升高，逐渐增加浇水次数。特别是进入芹菜迅速生长期后，芹菜的需水量加大，应及时浇水，保持土壤处于湿润状态。一般3～4天浇1次大水。

缓苗后结合浇水追第一次肥，每亩施尿素15千克。以后结合浇水每10～15天追施尿素或复合肥1次，每亩用量15～20千克，共追2～3次。

缓苗后，喷施1次芸薹素硕丰481的10 000倍液，促进叶片分化，增加叶绿素含量，促进植株生长发育。

芹菜春早熟栽培中，生育前期外界气温很低，管理中很难保证不经受春化阶段的低温环境。因此，大多数植株已通过了春化阶段，只要条件适宜即会抽薹开花。为了防止先期抽薹影响品质，在水肥管理中应以大水、大肥充足供应为原则，促使营养生长旺盛，抑制抽薹速度，防止干旱、缺肥影响营养生长而促进抽薹。

(3) 病虫害防治　尽量采用非化学防治的方法防治病虫。化学防治优先采用粉尘法、烟熏法，在干燥晴朗的天气也可以喷雾防治，注意交替轮换用药，合理混用。

防治病毒病：综合采用下列方法进行防治：①控制蚜虫为害。②发病初期喷洒1.5%植病灵乳油1 000倍液，或20%病毒K可湿性粉剂500～700倍液，隔7～10天喷1次，连喷2～3次。

防治斑枯病：采用下列方法之一进行防治：①发病初期于傍晚每亩用45%百菌清烟剂200～250克，或10%速克灵烟剂200～250克，分8～10处，于傍晚暗火点燃闭棚过夜，隔7天熏1次，连熏3次；②发病初期于傍晚每亩用喷粉器喷撒5%百菌清粉尘1千克，隔9～11天喷1次，连喷2～3次；③发病初期开始喷洒64%杀毒矾可湿性粉剂500倍液，或75%百菌清可湿性粉剂600倍液，或50%多菌灵可湿性粉剂800倍液，或50%甲基硫菌灵可湿性粉剂500倍液等，隔7～10天喷1次，连喷2～3次。

防治软腐病：发病初期开始喷洒72%农用链霉素可溶性粉剂3 000～4 000倍液，或14%络氨铜水剂350倍液，隔7～10天喷1次，连喷2～3次。

防治蚜虫：用10%吡虫啉可湿性粉剂2 000～3 000倍液或2.5%鱼藤精乳油600～800倍液等喷雾防治。

4. 采收　芹菜收获期可根据生长情况和市场价格而定。一般定植50～60天，叶柄长达40厘米，新抽嫩薹在10厘米以下时即可收获。由于春早熟栽培易发生先期抽薹现象，如收获过晚，薹高老化，品质下降，故宜适当早收。春季芹菜市场价格是越早越高，适期早收，有利于经济效益的提高。

芹菜收获前应灌水，在地稍干时，早晨植株含水量大、脆嫩时连根挖起上市。在价格较高或是有先期抽薹现象时，也可劈收，每次劈取外叶5～6片。劈收后勿立即浇水，以免水浸入伤口诱发病害。待新发出3～4片叶时，再浇水、追肥，促进新叶生长。等15～20天又可劈收第二次。

八、大棚西芹秋冬栽培技术

西芹是芹菜的一个品种类型，是西方国家栽培较为普遍的蔬菜种类，因此称为西洋芹菜，并以此区别于我国原有的本地芹菜（即本芹）。西芹与本芹相比，其特点是叶柄宽厚，纤维少，质脆，味甜，稍带芳香味，具有较高的营养保健功能。据测定，每100克鲜菜中含碳水化合物3.0克，蛋白质2.2克，脂肪0.22克，并含有多种维生素、矿物质，其中含钙、磷、铁均较高。其含有的挥发性芳香油，有增进食欲、降压、清肠利便等作用。西芹以肥厚的叶柄为食用部分，可炒食、凉拌，制作菜汁和罐头。

（一）生物学特性

1. 植物学性状 西芹一般株高60～100厘米。叶为1～2回羽状复叶，小叶2～3枚，卵圆形，三裂，轮生在短缩茎上。叶序为2/5，叶色由黄绿到深绿，叶柄发达，宽达3～4厘米。西芹茎在营养生长前期为短缩茎。茎端生长点花芽分化后，开始抽出花茎。从叶腋中形成很多分枝，每个枝上发生复伞形花序，花着生在小伞上，花白色，花瓣、花萼片均为6枚，雄蕊5个，雌蕊2个，属虫媒花。果实为双悬果。种子千粒重0.4～0.5克。根系分布浅，多分布在15～30厘米的土层中。

2. 对环境条件的要求 西芹是耐寒性蔬菜，生长期间要求冷凉湿润条件。适宜温度为15～22℃，耐低温，0℃不受冻，为防止空心，低温期宜保持3～5℃为宜，其耐寒性不如本芹。不耐高温，30℃以上生长不良，保护地栽培宜保持22～27℃。对光照要求不严，光照太强，叶变小。根系细，分布浅，不耐旱。

（二）主要品种

1. 加州王 植株高大，生长旺盛，株高80厘米以上。对枯萎病、缺硼症抗性较强。定植后80天可上市，单株重1千克以上，每亩产量可达7 500千克以上。

2. 高犹它52－70 株型较高大，株高70厘米以上，呈圆柱形，易软化。对芹菜病毒病和缺硼症抗性较强。定植后90天左右可上市，每亩产量可达7 000千克以上，单株重一般为1千克以上。

3. 嫩脆 株型高大，株高达75厘米以上。植株紧凑，抗病性中等。定植后90天可上市，单株重1千克以上，每亩产量可达7 000千克以上。

4. 佛罗里达683 株型高大，株高75厘米以上，生长势强，味甜。对缺硼症有抗性。定植后90天可上市，单株重1千克以上，每亩产量可达7 000千克以上。

5. 意大利冬芹 植株生长旺盛，株高90厘米，开展度32～44厘米，单株重1千克以上。苗期生长缓慢，后期生长快。抗病、抗寒、耐热性较强，每亩产量可达6 500千克以上。

6. 美国白芹 植株较直立，株型较紧凑，株高60厘米以上。单株重0.8～1千克。保护地栽培时易自然形成软化栽培，收获时植株下部叶柄乳白色，每亩产量可达5 000～7 000千克。

（三）栽培技术

目前我国的多数城市都在引种，由于产量高，质量好，经济效益可观，推广很快。大棚栽培西芹，可充分利用大棚的保温和增温作用，在早春提前种植和收获，在晚秋又可通过大棚覆盖，使西芹延迟采收，比露地栽培获得更高的经济效益。盐城地区大棚西芹以秋冬栽培为主，其栽培技术如下。

1. 育苗

（1）品种及播期 选用高产、优质、抗病虫、适应性广、商品性好的西芹品种，如加州王、惟勤等。西洋芹每亩大田需种60～80克。育苗场地应和生产田块隔离，宜集中育苗或专

业育苗。盐城地区大棚西洋芹秋冬栽培适宜播期为 6 月中旬至 7 月下旬。

(2) 苗床准备　用 3 年内未种过芹菜的园土与优质腐熟有机肥混合，每亩用腐熟厩肥 2 000～3 000 千克。用 50%多菌灵可湿性粉剂与 50%福美双可湿性粉剂按 1∶1 混合，按每平方米苗床用药 8～10 克与苗床表土混合后撒在畦面上。为防止蝼蛄等地下害虫为害，可用辛硫磷作苗床底药在整地时施入，方法是用 1 毫升 50%辛硫磷乳油加水 1 升，可喷洒 1 米^2 苗床。

(3) 催芽播种　西洋芹种子发芽对温度要求严格，高温季节播种，要进行种子处理，否则难以发芽。常用的方法是：先用 15～20℃的清水浸泡种子 24 小时，然后轻轻搓揉种子，换水清洗几遍，在阴凉处稍晾，种皮半干时用湿纱布包好进行低温催芽，可放到地窖中或水缸旁进行催芽，也可吊于水井水面以上 30～40 厘米处进行催芽，温度以 15～20℃为宜，期间每天应翻动淘洗 1～2 次，以增强通气性，并使种子见光。5～7 天后，80%种子即可出芽，在散失部分水分后即可播种。还有一种方法是对种子进行变温处理，具体方法是：用 15～20℃的清水浸泡种子 24 小时后，再将种子搓洗干净，放在 15～18℃的催芽箱内，经过 12 小时后，将温度升至 22～25℃，再经过 12 小时后，将温度重新降回到 15～18℃。这样，经过 3 天后种子就会发芽，而且出芽整齐健壮。高温季节采用变温催芽可提高幼苗适应性。将苗床整细整平，浇足底水，水渗后将种子均匀撒播，覆细土 3～5 毫米。

(4) 苗床管理　苗床覆土后盖上稻草、遮阳网等，并经常浇水，使床土保持湿润状态。幼芽拱出土表时揭去覆盖物，随即拱架遮阳网以防烈日暴晒及暴雨冲刷。子叶平展露心之前不宜浇水过多或降雨积水，以免造成点片死苗或黄苗。从种子萌动到子叶展开需 10～15 天。第一片真叶展开后逐步减少浇水次数。如果幼苗生长瘦弱，可结合浇水每亩追施尿素 5～7 千克。大面积集中育苗，如果苗床存在草害，在第一片真叶展开时每亩用 50%利谷隆可湿性粉剂 75～150 克对水喷雾除草。对苗床局部密度过大的细弱苗、病苗要及时间去，以利幼苗生长健壮一致。

(5) 苗期病虫防治　防治蚜虫，用10%吡虫啉可湿性粉剂2 000～3 000倍液进行喷雾防治。防治细菌性立枯病，用72%农用链霉素可溶性粉剂3 000～4 000倍液进行喷雾防治。

2. 分苗

(1) 分苗时间　从子叶展开到2～3片真叶约需25～30天，此时即可分苗移栽。移栽时间宜选下午高温过后或阴天。西芹移栽一方面可使主根受伤促进侧根的发生，提高根系的吸收能力；另一方面可将大、小苗分开，以便区别对待，使秧苗在定植时大小相近，同时也缩短了占用大田的时间，这对提前腾茬困难的田块具有重要意义。为减少劳动量，也可不进行分苗移栽。

(2) 分苗方法　选择未种过芹菜的田块作为移栽地，适量施肥。单株移栽，移栽株行距为5～8厘米×5～8厘米。移栽后随即拱架遮阳网防晒。根据土壤墒情，适时浇水，保持土壤湿润。

3. 定植

(1) 定植时间　幼苗长至5～6片真叶时即可准备定植，从移栽到定植约需25～30天。定植宜选在下午高温过后或阴天进行。

(2) 选择田块及土壤处理　选择近2～3年未种过芹菜，土壤中病菌基数低、线虫少的田块作为定植大田。如调茬困难，要用近年种过芹菜的田块作为定植大田，则应在定植前进行土壤处理。具体方法有水旱轮作、翻田后暴晒、水淹后覆膜暴晒、高温闷棚、药剂熏蒸消毒等。

(3) 整地施肥　每亩大田施用优质腐熟鸡粪1 000千克、尿素5～10千克、过磷酸钙50～70千克、硫酸钾20～30千克、硼砂500～1 000克，施肥后深翻20厘米，使土肥混合均匀（过磷酸钙宜沟施），耙平后作畦。

(4) 定植方法　定植前1～2天应将苗床淋透水，随起苗随定植。缓苗前每天浇水1次，缓苗后沟灌1次透水，必要时行间用稻

草保湿一段时间。选用健壮、无病的幼苗，按大、中、小苗分级分畦定植。单株定植，定植株行距为 15～30 厘米×20～30 厘米，每亩栽 8 000～12 000 株。具体栽培密度根据品种特性、土壤肥力、栽培季节长短、市场要求以及种植习惯等因素决定。

4. 大田管理

（1）温度管理　当外界最低气温降至 5～6℃时，扣上大棚膜，当外界最低气温降至－3～－2℃时应在大棚内套上小拱棚，当外界最低气温降至－5℃时，应在小拱棚上加盖草帘。西芹成株虽然能忍耐－10～－7℃的低温，但长时间在低温下，叶柄会受冻变黑，出现空心，纤维含量增加，品质下降，所以保温条件有限时要适当早采收。

（2）肥水管理　加强田间水分管理，保持土壤湿润，要小水浇灌，切忌大水漫灌，防止渍害。缓苗后为防止徒长可适当蹲苗 5～7 天。以后根据田间长势，可适当追肥，结合浇水每亩追施尿素 5～7 千克，整个生长期宜追肥 2～3 次。发现植株有轻微缺硼症状时，可用 0.5%的硼砂水溶液进行叶面喷雾或用 0.25%的硼砂水溶液灌根。采收前 1 个月可喷洒 50 毫克/千克的赤霉素溶液促进生长，以增加产量，提高品质。采收前 20 天停止追肥。采收前 7～8 天可浇 1 次水，使叶柄充实、鲜嫩。

（3）病虫防治　尽量采用非化学防治的方法防治病虫。化学防治优先采用粉尘法、烟熏法，在干燥晴朗的天气也可以喷雾防治，注意交替轮换用药，合理混用。

病毒病、斑枯病、软腐病及蚜虫防治方法参见本芹部分相关内容。

5. 采收　大棚栽培，可适当延后采收，但采收过迟叶柄易空心，品质下降。一般最迟采收时间为最外层叶刚出现衰老迹象。每亩产量 8 000～10 000 千克。采收过程中所用工具要清洁、卫生、无污染，采后不得浸水或喷洒化学药剂。分装、运输、贮存应注意防止污染。采收后如用保鲜袋单株包装存防于 1℃环境下，可贮藏 1 个月。

九、大棚莴笋秋延迟栽培技术

茎用莴苣，又名莴笋、莴苣笋、青笋等，为菊科莴苣属莴苣种中能形成嫩茎的变种，一二年生草本植物。莴笋以肥大的嫩茎和嫩叶供食，可凉拌、抄食或煮食，清香、脆嫩、爽口；也可干制、盐渍、糖渍或制成泡菜和酱莴笋等，可终年食用。据测定，每100克鲜重的笋部含蛋白质0.6克，脂肪0.1克，碳水化合物1.9克，钙7毫克，磷31毫克，铁2.7毫克，胡萝卜素0.02毫克，硫胺素0.03毫克，核黄素0.02毫克，尼克酸0.5毫克，维生素C 1.0毫克。此外，茎和叶中还含有乳白色汁液，其中含有机酸、甘露醇、树脂和莴苣素。莴苣素有苦味，具催眠作用，可提炼制药。

（一）生物学特性

1. 植物学性状 直根系，侧根多数，浅而密集，主要分布在20～30厘米的土层内。茎短缩。叶互生，披针形或长卵圆形，淡绿、绿、深绿或紫红色，叶面平展或有皱褶，全缘或有缺刻。短缩茎随植株生长逐渐伸长加粗，茎端分化花芽后，在花茎伸长的同时茎加粗生长，形成棒状肉质嫩茎，肉色淡绿、翠绿或黄绿色。圆锥形头状花序，花浅黄色，每个花序有花20朵左右，自花授粉，有时也会发生异花授粉。瘦果，黑褐色或银白色，附有冠毛，可随风吹散，不待全部成熟，即须采收。

2. 对环境条件的要求 莴笋为半耐寒性蔬菜作物，喜冷凉的气候，忌高温，稍能耐霜冻。种子发芽最适温度为15～20℃，30℃以上不能发芽。幼苗可耐－6～－5℃低温，长江流域地区可露地越冬，其耐寒力随植株成长而降低。茎部遇0℃以下低温会受冻。幼苗生长的适宜温度为12～20℃，当日平均气温达24℃左右时生长仍旺盛。茎、叶生长适宜温度为11～18℃，在夜温较低(9～15℃)、温差较大的情况下，有利于茎部肥大。

莴笋为长日照作物，在短日照条件下会延迟开花期。长日照伴随温度的升高会使发育加快，并且早熟品种反应敏感，中晚熟品种

反应则迟钝。

莴笋为浅根性作物，吸收能力较弱，且叶面积大，耗水量多，因此需经常浇水，保持土壤湿润。特别是在茎部膨大期更不可缺水。

（二）主要品种

根据莴笋叶片形状，可分为尖叶和圆叶两个类型，各类型中依茎的色泽又有白皮（外皮绿白）、青皮（外皮浅绿）和紫皮（外皮紫绿）之分。

1. 尖叶莴笋　叶披针形，先端尖，叶簇较小，节间较稀，叶面平滑或略有皱缩，色绿或紫。肉质茎棒状，下粗上细。较晚熟。苗期较耐热，可作秋季或越冬栽培。主要品种有：柳叶莴笋、北京紫叶莴笋、陕西尖叶白皮莴笋、成都尖叶和特耐热二白皮、重庆万年椿、昆明苦荬叶耐热莴笋、上海尖叶、南京白皮香和青皮莴笋等。

2. 圆叶莴笋　叶片长倒卵形，顶部稍圆，叶面皱缩较多，叶簇较大，节间密，茎粗大（中下部较粗，两端渐细）。成熟期早，耐寒性较强，不耐热，多作越冬春莴笋栽培。主要品种有：北京鲫瓜笋、成都挂丝红、特耐寒二白皮和二青皮、济南白莴笋、陕西圆叶白皮莴笋、上海小圆叶和大圆叶、南京紫皮香、湖北孝感莴笋、湖南锣槌莴笋等。

（三）栽培技术

盐城地区莴笋栽培通过选择适宜品种，分期播种，以露地栽培为主，辅以设施栽培，已能四季生产，周年供应。其中大棚秋延迟栽培是秋季育苗，定植在塑料大棚等保护地内，冬季上市的栽培方式，供应整个冬季，效益较高。其栽培技术如下。

1. 育苗

（1）品种及播期　大棚莴笋秋延迟栽培，苗期处于高温、长日照的环境下，容易未熟抽薹。在选用品种时，应选择苗期耐高温、对长日照反应迟钝的中晚熟品种，如南京紫皮香、济南柳叶笋、重庆万年椿、成都二青皮、上海白皮笋等。大棚秋延迟栽培适宜播期为8月中旬至9月上旬。

（2）苗床准备　苗床应选择土壤疏松、肥沃、排水良好的高燥阴凉地块。播种前15天必须耕翻晒垡，施入充分腐熟的厩肥750～1 000千克，配合少量磷肥、钾肥，然后打碎土垡，精细整地作苗床。苗床面积与大田栽培面积之比为1∶60～80。

（3）催芽播种　莴笋秋延迟栽培均采用育苗移栽的方法。播种量为每亩苗床用种0.75～1.0千克（具体播种量根据种子发芽率、苗床定苗密度、大田定植密度等因素决定）。育苗期正处于初秋高温季节，种子发芽困难，须进行种子低温处理。具体方法：用新提上来的井水（15℃左右）或冷水浸种5～6小时，用手搓洗，除去黏液和杂质，淘洗2～3次后，稍晾去种子表面的水分，用湿布袋包裹，置于地下室、防空洞等阴凉处，或吊在距水面约30厘米处的井中（不能浸泡在水中）催芽。保持15～20℃，每天用井水淘洗1～2次，3～4天就可出芽。也可将经浸种后淘洗干净的种子，放入冰箱冷冻室中存放24小时，使之成冰块或冰渣，然后取出放在室内阴凉通风处，使冰块缓慢溶化，种子也可缓慢发芽。当种子幼芽露白后，摊放在有散射光的阴凉通风处，注意喷水保湿，经3～4小时后，胚芽转为淡绿色时即可播种。炼芽后的种子，出芽迅速整齐，抗逆性强。将种子均匀撒播于浇足底水、水渗后的苗床上，覆细土3～5毫米。莴笋育苗一般不进行分苗，应适当稀播。

（4）苗床管理　苗床覆土后盖上稻草、遮阳网等，并经常浇水，使床土保持湿润状态。幼芽拱出土表时及时揭去覆盖物，随即拱架遮阳网形成遮阴棚，以防烈日暴晒及暴雨冲刷。气温较高时，土壤水分蒸发量大，可于早上8时以前和下午5时以后各浇1次水，保持土壤湿润并降低土温。幼苗出齐、长出1片真叶后，根据出苗情况开始间苗，拔去密集处的苗；2～3片真叶时再间1次，苗距3～4厘米，以免秧苗过密引起徒长，使定植容易出现先期抽薹现象。以后见干见湿，促进秧苗根系生长。生长中期，根据长势，可少量追肥，每亩苗床用尿素3～5千克，天气干旱时再浇1次水。

(5) 苗期病虫防治 苗期病虫害主要是蚜虫和霜霉病，注意及时防治。

2. 定植

(1) 定植时间 当苗龄20～25天，幼苗长至5片左右真叶时即可准备定植，苗龄一般不宜超过30天，苗龄太长易引起先期抽薹。

(2) 整地施肥 前茬夏菜收获后，应及时耕翻晒垡，晒垡最好要有15个晴天以上。施基肥，每亩大田施用优质腐熟厩肥1 500～2 000千克、尿素5～10千克、过磷酸钙50千克、硫酸钾20千克，施肥后深翻20厘米，精细整地，作高畦深沟，并做到能灌能排。

(3) 定植方法 定植前1～2天应将苗床淋透水，以便起苗时少伤根，多带土。选用生长健壮、根系好、子叶完整、叶片肥厚、节间短、符合本品种特性的幼苗，不可用徒长苗定植。定植宜选在下午高温过后或阴天进行。定植株行距为25～30厘米×25～30厘米，每亩栽8 000～10 000株。具体栽培密度根据品种特性、土壤肥力、栽培季节长短、市场要求以及种植习惯等因素决定。定植后气温仍然较高，可在大棚支架上覆盖遮阳网，提高幼苗成活率，促进缓苗。

3. 大田管理

(1) 肥水管理 定植后随即浇定根水，第二、第三天早晨还须复水1次。秋延迟莴笋定植初期温度仍然偏高，浇水时间要放在早晨或午后。活棵后应加强肥水管理，在长好叶片的基础上，促进茎部迅速膨大，这是夺取高产的关键，也是防止先期抽薹的重要措施之一。活棵后每亩施尿素5千克，随即灌水，然后深中耕，促进根系扩展。“团棵”时随浇水施第二次追肥，每亩施尿素5～7千克、硫酸钾5千克，加速叶片数的增加及叶面积的扩大。封垄以前茎部开始膨大时，施第三次追肥，每亩施尿素5～10千克、硫酸钾5～7千克，促进肉质茎肥大。以后不再追肥。追肥过晚、量过大容易引起肉质茎裂口。封垄以前，逢浇水或下雨后，要及时中耕、除草保墒。

(2) 温度管理　莴笋茎叶生长的适宜温度为11～18℃。定植后要尽量创造适合莴笋茎叶快速生长的温度条件，即16～18℃。10月下旬以后，随着空气温度迅速下降，并出现霜冻天气，为了保证莴笋继续正常生长，此时应及时扣上大棚薄膜保温。随着天气继续变冷，单层薄膜已不能满足莴笋生长对温度的要求时，可在大棚内加扣小棚，并覆盖草帘，进行多层覆盖。温度以白天保持16～18℃，夜间保持0℃以上、莴笋茎部不受冻害为原则。注意及时通风散湿，防止病害发生。

(3) 激素控制　秋延迟莴笋容易未熟抽薹，除了从栽培管理技术方面采取综合措施外，施用生长调节剂也是一条有效途径。在莴笋茎部开始膨大时，用500毫克/千克比久（B_9）或500～600毫克/千克矮壮素（CCC）或100～200毫克/千克多效唑（PP_{333}）喷叶面1～2次，可适当抑制肉质茎的纵向伸长，促进横向加粗，推迟抽薹，有效地防止未熟抽薹，增加单笋重量。但应注意要严格掌握药液浓度、喷布时期及次数，否则，起不到应有的效果，甚至对茎部伸长产生过度抑制作用，降低产量。

(4) 病虫防治　莴笋的病虫害比较少，主要有霜霉病、菌核病和蚜虫等。

霜霉病：雨水多时最易发生。防治方法：①适当控制植株密度，增加中耕次数，降低田间空气湿度；②防止田间积水，降低土壤湿度；③和十字花科、茄科等蔬菜轮作，2～3年1次；④及时摘除病叶，带出田外集中销毁；⑤发病初期，可用64%杀毒矾锰锌可湿性粉剂500倍液，或70%甲基托布津可湿性粉剂700倍液等喷雾，7～10天1次，共2～3次。

菌核病：温暖潮湿，栽植过密，生长过旺，施用未腐熟的有机肥料等易加重病害的发生。防治方法：①深耕培土，开沟排水，增施磷钾肥，改善田间通风透光条件，增强植株抗病力；②盐水选种(10份水加1份盐)，除去混在种子中的菌核；③及时拔除初发病株、清除枯老叶片并集中烧毁，收获时连根拔除病株，以免菌核遗留田中；④发病初期，可用50%甲基硫菌灵悬浮液500～800倍

液，或40%菌核净可湿性粉剂1 000～1 500倍液等喷雾防治，7～10天1次，共2～3次。

蚜虫：一般天气干旱时易发生。防治方法：①黄板诱蚜、灭蚜。利用黄色器皿或黄色诱蚜板涂上机油，利用蚜虫对黄色的趋性诱杀蚜虫；②药剂防治。田间调查，有蚜株率达2%左右时，应立即用药剂防治，可用10%吡虫啉可湿性粉剂2 000～3 000倍液，或0.36%苦参碱500倍液等喷雾防治，7～10天1次，共2～3次。

4. 采收　当肉质茎已充分膨大，植株先端小叶与最高叶片的叶尖相平时，为采收适期。大棚秋延迟栽培后期温度较低，莴笋不易蹿高，收获期不如春莴笋严格，同时，由于大棚保温，肉质茎不易受冻，可根据市场需求，适当晚收。也可掐去植株的生长点和花蕾，促进营养回流和笋茎肥大，延迟采收。收获期11月中旬至翌年3月上旬，每亩产量4 000～5 000千克。

十、大棚莴苣早春多层覆盖栽培技术

（一）保护地设施的建造

三膜覆盖是指大拱棚＋小拱棚＋地膜覆盖，二膜覆盖是指中棚＋地膜覆盖。如果在小拱棚上加盖20克/米^{2}的无纺布，则夜间保温效果更好。不论采用哪种覆盖方式，大、中拱棚均应在莴笋播种前15～20天建造完毕并扣上棚膜，以利于提高地温。大拱棚的建造标准是：高度1.6米以上，跨度6米以上，每隔1米搭一根拱架；中拱棚的建造标准是：高度1.4～1.5米，跨度4～5米，每隔1米搭一根拱架；小拱棚的建造标准是：高度1.2米左右，跨度1～3米，每隔80厘米插一根竹片拱架。

放苗后加盖小拱棚，苗孔用细土压紧压实，以利于保温保湿。用直径2～3厘米、长4米的两根竹竿对接后做拱棚。竹竿要光滑，接口要平整，以免损伤棚膜。每隔0.5米插一拱杆，拱杆弧度要平整一致，竹竿粗度和弯度要均匀整齐，采用无滴PVC棚膜覆盖，盖棚膜时同样要拉展压实。一般拱棚应东西走向，利于光照，隔

1.5～2米压一压膜线，以免大风吹坏棚膜。

（二）栽培技术

莴笋属喜冷凉忌高温蔬菜，耐霜冻。种子在4℃开始发芽，适宜的发芽温度为15～20℃。近年来，早春莴笋种植面积逐年扩大，但是采用单膜覆盖，生长缓慢，上市时间迟。如果多层覆盖，就能改变莴笋生育期生长环境，提早上市。以下就莴笋多层覆盖栽培技术做一介绍。

1. 穴盘育苗

（1）品种及播期　主要品种有：柳叶莴苣、北京紫叶莴苣、陕西尖叶白皮莴苣、成都尖叶、上海尖叶、南京白皮香和青皮莴苣等。早春大棚莴笋栽培适宜播种期为10月中下旬。

（2）催芽播种　将种子放入50～60℃的温水中，不断搅拌种子20～30分钟，在25～30℃温水中浸泡3～4小时，除去秕籽和杂质，每天用清水淘洗1遍，控干水后继续催芽，2～3天可齐芽播种。

（3）苗床管理　播种后保持床温20～25℃，3～5天可齐苗。出苗后，温度白天控制在18～20℃，夜间8～10℃。苗期病虫害主要是蚜虫和霜霉病，可喷2～3次75%百菌清600～800倍液，防治苗期病害。

（4）炼苗　定植前进行适时炼苗，是育苗过程中的一个重要环节。通过炼苗可增强幼苗的适应性和抗逆性，并使幼苗长势稳健，移栽后缓苗快。大田定植前1周左右，应逐步降低床温，进行揭膜放风锻炼，以提高莴笋苗的适应性和抗逆性。

2. 定植

（1）整地施肥　莴笋需选择向阳、通风、水肥条件好的地块种植。由于根系较弱，对土壤要求严格，要选择有机质含量高的沙壤土。播前深翻土地，畦面要平，使其浇水均匀，排水及时。结合整地，喷洒50%多菌灵可湿性粉剂1 000倍液，或75%甲基托布津800倍液进行土壤消毒处理，每亩施2 000千克腐熟优质农家肥、10千克尿素、5千克磷酸二铵作为基肥。农家肥均匀撒施于垄面上

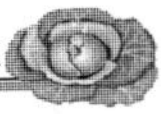

并与土壤混匀，按垄面宽 60 厘米起垄，垄间距 20 厘米。在垄面中间开 1 条 20 厘米深的小沟，撒入化肥，薄薄地覆盖一层土，保持沟状，留作莴笋生长期灌水用。整理垄面，每 3 垄留出 50 厘米间距，以利于拱棚。采用地膜覆盖，最好是全棚覆盖，以控制地面的水分蒸发，降低棚内空气湿度，从而减少病害的发生。

（2）定植时间　当幼苗达到 4～6 片真叶、植株矮壮、有较多新根、叶色深绿、茎粗 1.2 厘米左右时即可准备定植。苗龄 50 天左右。一般多在 12 月中旬至翌年 1 月上旬定植，定植密度通常每亩 3 500～4 500 株。

3. 大田管理

（1）肥水管理　早春定植时少浇水，莲座初期浇 1 次小水，随水冲施尿素或硝酸铵 8～10 千克。莴笋 12 叶前少浇水，保墒蹲苗，使植株形成健壮的根和较大的叶丛，为肉质茎膨大形成较多的吸收面积和同化面积。第 14～16 叶出现后，水分供应由“控”转为“促”，土壤保持湿润。每次浇水都应追肥，肉质茎膨大期，叶面喷施 0.1%～0.2%硼砂混磷酸二氢钾水溶液，提高产量和质量。后期在生长点上喷 0.2%青鲜素，0.5%尿素水溶液或 20 毫克/千克矮壮素或萘乙酸抑制抽薹，延长供应期。

（2）温湿度管理　莴笋茎叶生长最适宜温度为 11～18℃，在此温度下，叶簇大而茎粗壮，22～24℃以上的生长温度会导致早期抽薹，不利于产量形成。因此，棚内白天温度超过 20℃时，就应及时揭棚放风降温，夜间应及时盖棚保温。当气温降到 0℃以下，在小拱棚膜上加盖草帘。在适宜温度下尽量加大通风，在湿度偏大的情况下，及时通风散湿，以减轻病害发生。

（3）病虫防治　莴笋虫害较少，若没有较大虫害，不需喷药防治。

在病害方面，应贯彻“预防为主，综合防治”的植保方针，以控制大棚湿度，通风防病为主，主要防治霜霉病、软腐病。

霜霉病：用种子重量 0.3%的 25%甲霜灵可湿性粉剂拌种；一旦发现中心病株，用 40%乙磷铝 200 倍液，或 75%百菌清 500 倍液，或25%甲霜灵800倍液，每亩喷液50千克。7～10天一次，连续2～3次。

软腐病：及时清除病株，拔除后穴内可填以消石灰进行消毒灭苗。发病初期用72%农用硫酸链霉素3 000～5 000倍液，或代森铵600倍液等喷雾，应以轻病株及其周围的植株为重点。

（三）采收

待生长点心叶与外叶顶端长平，植株茎秆充分膨大，基部叶片开始变黄时，就可及时收获上市。收获期为4月上旬至5月下旬，每亩产量3 000～4 000千克。

十一、大棚韭菜高产栽培技术

韭菜是百合科属葱多年生宿根草本植物，以嫩叶和以叶鞘组成的假茎供食，辛香鲜美。可炒食、做汤，作馅和调味，深受欢迎。韭菜含有丰富的营养物质，每100克鲜韭菜中含胡萝卜素3.12毫克、维生素B 20.9毫克、维生素C 39毫克、钙84毫克、磷43毫克、铁8.9毫克、膳食纤维1.2克，此外还含有较多的脂肪、蛋白质和一种辛香挥发物质——硫化丙烯。韭菜不仅营养价值高，同时还有一定的药用效果。韭菜中的硫化物具有降血脂的作用，适用于治疗心脑血管病和高血压；韭菜中含有大量的可食纤维，这些纤维能促进肠胃蠕动，减少有毒物质被人体吸收的机会。另外，中医认为韭菜食味甘温，有补肾益阳、散血解毒、调和脏腑、暖胃、增进食欲、除湿理血等功效。

（一）生物学特性

1. 植物学性状　韭菜的根高温高湿条件下易腐烂，但抗旱耐寒，有贮存营养的功能。营养茎肥壮程度是取得青韭、韭黄、韭薹、韭种高产的决定性因素。叶子是韭菜供应市场的主要产品，露地栽培条件下的韭菜叶片一般宽0.3～3厘米，长30～70厘米，呈披针形，叶表有蜡粉，能减少水分蒸发。高温强光照，则纤维素增多，叶子老化，不堪食用。韭菜不同品种间很容易杂交，不同品种

的制种田要隔离 2 000 米以上，同一品种也要经常提纯复壮，以保持品种的纯度。种子千粒重 3～5 克，韭种的寿命较短，通常条件下为 1～2 年。留种田一般减产 25%左右，故一般韭菜田不要留种。韭种采收后，随即追肥，浇水，恢复长势，增加营养积累。

2. 对环境条件的要求

温度：韭菜属耐寒性蔬菜，对温度的适应范围较广，不耐高温。韭菜的发芽最低温度是 2～3℃，发芽最适温度是 15～20℃，生长适温是 18～24℃。露地条件下，气温超过 24℃时，生长缓慢，超过 35℃叶片易枯萎腐烂。

光照：韭菜为耐阴蔬菜，属长日照植物，较耐弱光。

水分：韭菜喜温、怕涝、耐旱，韭菜的发芽期、出苗期、幼苗期非常怕旱，必须保持土壤潮湿，含水量不低于 80%以上。

土壤与肥料：韭菜对土壤类型的适应性较广，在耕层深厚，土壤肥沃，保水、保肥力强的优质土和偏黏质土中，生长最好。韭菜成株耐肥力很强，耐有机肥的能力尤其强。施化肥时，氮、磷、钾要配合施用，其比例为 1∶0.83∶0.91 较好，同时酌情施入锌、铁、硼等微量元素肥料。

（二）主要品种

1. 791 优系　抗寒高产、生长迅速而整齐。791 韭菜品种于 1979 年育成，近年来，品种退化和混杂现象日益严重。791 优系经系选、提纯复壮，不仅保持了原种 791 的优良种性，而且其抗寒性、丰产性、商品性皆优于 791。

2. 平韭 3 号　直立抗病，优质高产。株高 48 厘米以上，株丛直立，叶色深绿，叶片肥厚。抗逆性强，抗病、耐热，尤抗灰霉病和疫病。春季早发，生长快，较 791 品种早上市 7～8 天。每亩年产鲜韭 8 000～9 000 千克。保护地适宜冬春茬栽培，每亩年产量 3 500～4 000千克。

3. 平韭 4 号　抗寒高产，保护地栽培的理想品种。株高 50 厘米，株丛直立，叶片绿色，宽大肥厚，叶质鲜嫩，辛香味浓，粗纤维含量少，商品性状优良。生长势强，抗衰老，持续产量高，每亩年产鲜韭 10 000 千克左右。791 韭菜的换代品种。

4. 平韭 5 号 极抗寒，抗寒类韭菜之珍品。早发优质，耐贮运。株高 60 厘米左右，直立，叶色浓绿，香辣味浓，是抗寒类韭菜中叶色最深、品质最优的品种。叶鞘较长，约占株高的 1/4，适宜密植，年亩产鲜韭 12 000 千克左右。春季早发，较 791 早发 8～10 天，前期产量高。耐贮运，较其他品种的有效存放期长 48 小时以上。极抗寒，冬季不休眠，适宜全国各地露地和保护地种植。寒冷地区利用小拱棚、日光温室等保护地栽培效益更好。

5. 平科 2 号 冬季回秧，春季早发，优质、抗病。一代杂种。株高 50 厘米左右，株型直立。叶色浓绿，叶片宽大、丰腴，抗病性强，内在品质和商品性状俱佳。早春生长迅速而整齐，前期产量高，上市早、效益好，每亩年产 10 000 千克左右。适合全国各地露地和冬春茬保护地栽培。

（三）栽培技术

利用塑料大棚、中、小棚等设施生产韭菜，可在元旦、春节期间上市供应，经济效益和社会效益十分显著。

1. 品种选择 大棚栽培韭菜要选择适应性和分蘖力强，叶片宽厚直立，休眠期短而萌发早的优质高产品种。目前江苏保护地栽培的品种有平韭 4 号、平韭 2 号、791 优系韭菜等优良品种。

2. 播种育苗 清明前后直播或育苗。直播多采用条播，行距 33～35 厘米，播种沟深 2 厘米，播幅 5 厘米，每亩用种量 4.0～6 千克；育苗移栽采用撒播，每亩大田用种 1～2 千克，苗床面积约占大田面积 1/10。播种前先进行浸种催芽，方法是将种子放在 30～35℃温水中浸泡 1 昼夜后，搓掉种子表面黏液，放在 15～20℃条件下催芽 2～4 天，每天用清水淘洗 2 遍。露嘴后挪到较低温处“蹲芽”，芽出齐后即可播种。播前浇足底水，播后覆细土 1 厘米厚，盖土后都要轻轻镇压一下，以防浇水冲起种子。盖地膜保墒，当有 10％以上的幼苗出土后，及时揭去地膜。

3. 苗期管理

（1）除草 韭菜小苗生长缓慢，易受杂草为害，必须及时除

草，既可人工除草，也可在播后苗前，每亩用33%除草通乳油100毫升对水50千克喷雾畦面，有效期可达40～50天。当除草剂有效期过后，杂草又大量发生时，应先人工拔除大草，3～4叶期，杂草每亩用20%拿捕净乳油65～100毫升，对水50千克，对杂草茎叶喷雾。

（2）肥水管理　3叶期前，结合浇水追肥2～3次，每次每亩追尿素5～8千克，3叶期后适当蹲苗，减少浇水次数。雨季应清好“三沟”，及时排除积水，防止沤根烂秧。

4. 定植　春播苗龄70～80天，当苗高18～20厘米，有5～6片叶时即可定植。定植前每亩施入腐熟鸡粪1 500千克，过磷酸钙50～60千克，磷酸二铵20千克，氯化钾20千克，随整地使肥料与土壤充分混匀，整地作畦，畦宽2米，畦沟宽50厘米，长30米（大棚跨度4.5米，长度30米，2畦1棚）。定植密度，行、穴距为30厘米×25厘米，每穴20～25株。

5. 田间管理　定植后浇足稳根水，初期每隔4～5天浇1次水，促进缓苗，每次浇水后中耕培土2～3次，雨季加强排水。入秋后要加强肥水管理，一般每5～7天浇1次水，每半个月追1次肥，连续2～3次。每次每亩追尿素10千克，到9月下旬停止追肥浇水。

6. 适时扣棚　11月中、下旬，在韭菜外叶充分枯凋以后扣棚覆膜。扣棚前割除韭菜，清理畦面，浇水施肥，晾晒3～4天后选无风晴天扣棚。

7. 扣棚后管理

（1）温度　韭菜生长适温为18～20℃，棚内白天保持20℃左右，夜晚保持5℃以上，扣棚初期气温偏高，可在中午前后通风降温。头刀韭收割前4～5天，适当揭膜放风，收割后不通风，待新叶长到9～12厘米高，棚温超过25℃以上时放风，每次浇水后，应适当通风降温。

（2）肥水管理　割头刀韭菜前，不浇水，待二刀韭菜长6厘米高时，结合浇水，每亩追施尿素10～15千克，氯化钾5～7千克。

以后在收割前4～5天再浇水，水量以棚温而定。以后每割一刀都要扒垄，晾晒鳞茎，待新叶长出后，结合浇水追肥并培土。

8. 收割 大棚韭菜自播种后到扣棚不收割，扣棚后40天左右，待韭菜株高25厘米左右收割第一刀，以后每刀间隔20～25天，一般棚内收割3～4刀，每亩产量可达3 000千克。

9. 拆棚后管理 次年3月下旬至4月初拆棚，拆棚后施有机肥，以养根为主，一般不收割，长势好的田块可收割1～2刀青韭。梅雨季节，注意排涝，夏末初可收一季薹韭，入秋后加强肥水管理，为下一次大棚栽培打好基础。

10. 病虫害防治 大棚韭菜病虫害主要有韭蛆和灰霉病，韭蛆可用50%辛硫磷800倍液或90%晶体敌百虫1 000倍液灌根；灰霉病发病初期选用50%速克灵可湿性粉剂1 000倍液，每隔7天喷1次，连喷2～3次，防效较好。

十二、大棚韭薹高产栽培技术

韭薹又名韭菜花，是以采收花薹为主的一类韭菜。其花薹长而粗，形似蒜薹，质脆嫩，风味甚佳。近年来，在不少地区广为种植，深受消费者的喜爱，也是出口蔬菜的主要品种之一。

薹韭是众多韭菜品种类型中的一类，在各地也有适应性较强，抽薹表现优良种类，也有属于叶薹兼用兼收型韭菜。生产薹韭的韭菜在10℃以上可连续抽薹，在－5℃能正常生长。春播后，在正常管理条件下，翌年3月下旬至4月上旬即可抽薹，一直可延续到10月。在冬季大棚条件下，扣棚后35～40天即可收割青韭。大棚生产薹韭特性是要求早生快发，抗寒，耐热，分蘖力强，生长快，抽薹早，虽以产韭薹为主，但青韭产量也较高。春节前后可收两次青韭，亩产1 200～1 500千克，在3月中旬至11月底可陆续抽薹。每兜韭菜可收薹约100根，花薹长30～40厘米，粗壮，品质佳，味鲜美，亩产高达2 000千克。

大棚韭薹的生产基本上和青韭生产一样，但也有些不同，其高

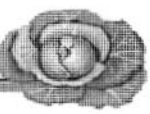

产栽培技术如下。

（一）品种选择

韭菜不同于其他一年生蔬菜，它是多年生宿根蔬菜，种植一年，可收获4～5年，因此要想获得高产稳产，选择对路的韭菜品种十分重要，尤其是大棚薹韭种植，选用合适品种更加重要。一般的韭菜品种虽也可生产韭薹，但产量与上市早方面不如专用或兼用品种。目前，适合大棚薹韭种植的专用或兼用生产品种主要有：寿光薹韭1号、寿光薹韭2号、徐州四季薹韭、铜山早薹韭等。如寿光薹韭1号采取保护地栽培，能于4月上旬开始抽薹，为目前抽薹早、效益最高的薹韭品种，自然株高40～50厘米，伸直长度60～70厘米，叶片上冲，浅绿色，宽1厘米左右，扁平状，中间有空腔。商品薹高50～60厘米，开花后薹高60～70厘米，中间有空腔，味淡。种子产量较低。该品种抗热、抗病虫，分蘖力极强，适于稀植。兼产韭黄或韭青。一般亩产韭薹600～1 000千克，产青韭或韭黄1 500～2 500千克。

（二）栽培技术

1. 培育壮苗　当地温稳定在10℃以上，适时早播育苗。及早整地作畦，耙平畦面，3～4月份播种，每亩用种量为300克。撒播种子后，用沙、土各半掺匀后盖种，厚度不宜超过2厘米。苗期注意除草追肥，出苗后20天左右追施一次稀的人粪尿，雨后及时排水，干旱要浇水以使苗床湿润。5月下旬5～6叶时，即可开沟移栽。

2. 适时定植　首先应选择土层深厚、肥沃的壤土、沙壤土地块种植韭薹为宜。应掌握1.5米包沟起畦，隔畦留一浅沟作操作行，其余及四周开深40厘米的环田深沟，以利排水和保湿。及时定植，当苗龄达80天左右、苗高20厘米、有5～6片叶时即可定植，密度以栽植行距30～40厘米、穴距10～20厘米、每穴2～4株为宜。韭菜苗长至5～6厘米高后，在温度开始回升之前的12月至翌年1月进行移栽。韭芽喜肥、耐肥，基肥应亩施优质厩肥3 000～4 000千克或土杂肥2 000千克、复合肥60～70千克。旺盛生长期要注意中耕除草，灌水或雨后及时除草，以促进发根。

3. 田间管理 ①温度管理，收割后白天温度控制在10℃左右，晚上5℃左右。②在苗高10厘米左右时结合浇水每亩追施氮肥50千克。韭薹叶片旺盛生长期以施氮肥为主，一般每隔半个月左右追施1次人粪尿或1%～2%的尿素溶液。③抽薹期施肥应氮、磷、钾相配合，可施复合肥，每次每亩施15千克，15～20天施1次。并可配合叶面喷施0.5%的磷酸二氢钾或复合肥。④出薹期每7天浇1次水并随水每亩施尿素20～25千克。水分管理以保持湿润为原则，雨后及时排水。⑤韭菜有“跳根”现象，从第二年起，每年春暖后在畦面覆盖5厘米厚的疏松“客土”护根。⑥在韭薹叶片生长期和花茎抽生初期，喷施两次50毫克/千克九二〇（加0.1%洗衣粉以黏叶），可促进韭菜分蘖、叶片生长和花茎抽生，增产效果明显，而且花薹嫩绿。

4. 病虫防治 主要病害有韭菜疫病，又叫“烂韭菜”，在雨季、排水不良的地段发病严重。可喷58%瑞毒霉可湿性粉剂800倍液，或25%甲霜灵粉剂600倍液，或64%杀毒矾可湿性粉剂500倍液防治。韭菜灰霉病可喷50%速克灵1 500倍液。虫害主要应注意防治地蛆，韭蛆可用75%辛硫磷500倍液灌蔸防治，或往韭蔸施几次草木灰也有一定效果。防治葱蓟马、葱斑潜蝇，可喷灭杀毙5 000倍液。

5. 合理割收 韭菜第一茬从扣棚开始，30～35天、株高20～25厘米时收割；第二茬需30天左右即可收割。留茬宜高，一般4～5厘米。为能早收薹，提高效益，一般大棚薹韭只收割2茬，收割后转入养根壮苗，促进营养生长，以提高韭薹产量和品质。

6. 及时采薹 薹韭生产注意适当早割和多割，因为薹韭生产有早割早抽薹，多割多抽薹；晚割晚抽薹，少割少抽薹，不割晚抽薹的特点。因此，进行薹韭生产的韭菜要早割、多割，不要不割。当年栽培的韭菜，春节前收割头一刀，节后还可再收割一刀。一般留茬高4～5厘米，割下韭菜一般不超过30厘米。薹韭一般4月出薹。5月当韭薹40～50厘米高时，在幼嫩花蕾稍超出韭叶高度即

可采收。韭薹花茎抽生速度快，一般隔天要采收一次，防止迟采收会老化以影响质量。趁早、晚韭薹脆嫩时采收，扎成0.5千克左右的小把，然后浸入水中保鲜，次日上市。

7. 采后管理　从采薹到秋季养根之前，管理任务是保苗，要尽量少浇水、少施肥。秋季天气转冷后，再按培养根株的方法培养壮株壮根，为来年高产打好基础。

十三、大棚莲藕栽培技术

莲藕是高效水生作物，渔业上利用动、植物有机结合起来，发展莲藕种养，生产无公害绿色食品。近年来，盐城地区种植户改莲藕露地栽培为大棚栽培，可提早上市20～40天，增产20%～30%，亩产可达1 800～2 000千克。

1. 整地建池　2月上中旬选择排灌方便、土壤肥沃的沙壤土田块，亩施有机肥3 500千克，氮、磷、钾三元复合肥50千克作基肥，翻耕入土，将地整平。建棚，棚宽6米，高1.8米左右，以8厘米×10厘米粗的水泥杆作立柱，竹竿作棚架。并在田块四周开挖深40厘米，内衬薄膜的防渗沟，3月25日左右灌足水，保持浅水层1厘米左右，扣棚覆膜，闭棚，尽可能提高土温、水温。

2. 藕种选择　选择前期较耐低温，生长势强劲，早熟，对水层要求不严格的南京藕、鄂莲1号为主栽品种。种藕要求藕身完整，芽头完好，后把节粗壮，亩需650～700个芽头。

3. 适时移栽　盖膜后7～10天（3月底），从距棚边35厘米处按株行距1米见方栽植，行与行之间各株需摆成梅花形，芽头一律指向棚中央，栽时须将芽头按25°左右的角斜插于泥中，尾梢翘出水面，以利于增强发芽势。藕种须随挖随栽，防止芽头干浆。

4. 田间管理　①萌芽期管理：在立叶抽生前，应密闭棚膜提温，保持白天30～35℃，夜间20℃左右，水深1～2厘米。定植后10～14天藕苗基本出齐，最先长出的2片叶是层中叶和浮叶，随后抽生的才是立叶（4月中旬前后）。立叶抽生后，逐步加深水层至3～5厘米，晴天中午要注意通风降温，一般以棚内气温不超过35℃为宜。②生长盛期管理：立叶展开至后栋时（莲鞭与开始膨大成藕节上的叶，其外观特征为叶柄最高、叶片大）出水，为植株旺盛生长期。此期水位应逐渐加深，一般每抽生一张立叶，需加深水层2厘米左右。白天一般保持温度在25～33℃，夜晚不低于16℃。在第二立叶展开时，亩需追施腐熟有机肥300千克或三元复合肥30千克。在莲叶封行时，亩再施三元复合肥40千克。4月底开始，随外界温度的升高应加强通风降温，当外界最低气温在15℃以上时，可昼夜通风。6月1日左右，可视温度情况，及时揭去大棚膜。揭棚2天后，亩施用尿素25千克，惠满丰1千克。在荷叶封行前，要及时拔除田间杂草，在4月下旬前应于晴天的下午及时将藕头转向棚内。另外，追肥须在露水干后进行，追后应及时泼浇荷叶以防"烧叶"，忌用碳酸氢铵作追肥。③结藕期管理：从5月中旬后栋叶展开至采收为结藕期。此时水层需逐步降低并稳定水层深8～10厘米，6月上中旬，当后栋叶老而发黑时，表明藕已基本长成，此时，大棚藕已达到采收标准，应根据市场变化，及时采收上市。

5. 病虫防治 蚜虫从立叶抽生至莲藕采收均能为害，可用40%乐果1 500倍液喷施。叶枯病、腐败病可在发病初期用50%甲基托布津800倍液或50%多菌灵500倍液喷雾防治2～3次。

十四、大棚圆白萝卜周年栽培技术

盐城市萝卜栽培历史悠久，由于得天独厚的自然条件，生产的萝卜肉质脆嫩，水分多，口感好，外皮光滑，深受消费者欢迎。近年来，由于设施栽培技术发展迅速，萝卜的种植方式由过去的每年一季发展到周年栽培（每年五季），其栽培技术如下。

（一）品种选择

盐城萝卜除供应本地外，还销往上海、无锡、杭州等城市及其周边市场，根据消费习惯，栽培品种以白萝卜为主，要求色白、个

大、质优、球形或卵圆形。春夏栽培选用上海白、扬州白，秋冬栽培选用上海白、白粒子萝卜。

1. 上海白　植株半直立，花叶，叶色绿稍淡。肉质根卵圆形，皮肉白色，皮薄光滑，肉质脆嫩，味甜，单根重150～200克，肉质根1/3入土。早熟，生长期60天左右。每亩产量4 000～5 000千克，早春栽培产量较低。

2. 扬州白　植株半直立，花叶，叶柄绿白色。肉质根近球形，半入土，皮肉白色，光滑，肉质细嫩，不易老化，单根重100～200克。早熟，生长期55天左右，每亩产量3 000～4 000千克。

3. 白粒子萝卜（又名白荔枝萝卜）　地方优良品种。植株半直立，花叶，叶绿色。肉质根短圆球形（即纵径短于横径），皮肉白色，皮薄而脆，肉甜嫩，辣味淡，口感好，不易糠心，品质特佳，单根重50～100克。根颈部较长，肉质根全部入土，中熟，生长期70天左右。适宜冬贮，冬贮后不糠心，品质基本不变。每亩产量2 000～3 000千克。

（二）茬口安排

第一茬为大棚春萝卜，1月下旬至2月下旬播种，3月中旬至4月上旬开始上市，亩产2 000千克左右。第二茬为小棚或露地春萝卜，3月下旬至4月上旬播种的，需覆盖小棚，4月中下旬播种的，可露地栽培，播后40～60天上市，亩产3 000～5 000千克。第三茬为夏萝卜（火萝卜），6月下旬至7月上旬播种，播后35～40天上市，亩产2 000～3 000千克。第四茬为秋萝卜，8月下旬播种，播后40～60天可上市，亩产4 000～5 000千克。第五茬为冬萝卜，9月底播种，初冬至春节前后上市，田贮期间，可在田间覆盖稻草保温防冻，亩产4 000～5000千克。为保证均衡应市，具体安排生产时，应灵活机动，瞄准市场空缺，分期播种，均衡上市。

（三）技术要点

1. 选地深耕，施足基肥　选择地势较高，排灌方便，耕层深厚，质地疏松，肥力中上的沙质壤土。播前深耕晒垡，剔除田间杂物，同时施足基肥，每亩施腐熟人粪尿3 000千克，氮、磷、钾三元复合肥 50 千克，尿素 10～20 千克，充分耙匀。深沟高畦，畦面宽 2～3 米，中间略高，沟深 30 厘米，以利排灌。

2. 合理密植，及时间苗 采用条播，行距 20～25 厘米，定苗株距 10～15 厘米，每亩 20 000～30 000 株。间苗一般分 2 次进行，第一次在幼苗长出第一片真叶时，第二次在 2～3 片真叶时，5～6 片真叶时定苗。

3. 大棚栽培，调节生长 大棚春萝卜（包括中小棚）生长的难点主要是增温促长、控制抽薹。采用多层覆盖栽培，生长前期要求密闭大棚，保持白天 25～30℃，夜间 12～15℃，寒流到来时要加盖草帘。生长后期要注意通风降温，白天 20～25℃，夜间 15℃，以促进肉质根膨胀。炎夏可用遮阳网覆盖栽培，降高温，防暴雨。

4. 足肥足水，科学管理 萝卜追肥应掌握在前、中期进行，以人粪尿为主，对地上部叶片特别浓绿肥大、呈旺长趋势的田块不能再追肥，并用 500 毫克/千克多效唑喷施，抑制地上叶片生长，促进肉质根膨大。对生长一般的可酌施或多施肥料。萝卜生长期间对水分要求很高，苗期缺水会严重影响出苗和早发，中后期缺水会抑制肉质根的生长，长出的萝卜皮厚、肉硬、味辛，因此墒情不足时，要及时灌水，保持土壤湿润。但后期若水分过多发生渍害，又会造成表皮发黑、肉质乏味甚至腐烂，要注意排水降渍。

5. 综合防治，控制虫害 萝卜栽培过程中，高温季节易受病毒病为害，注意防治。萝卜易受地下害虫如蛴螬、地老虎为害，影响品质，降低产量，严重时造成缺苗断垄，栽培上应尽量避免连作，避免使用未腐熟的有机肥。药剂防治可选用 1.8％爱福丁乳油 2 000～3 000 倍液、30％敌百虫乳油 500 倍液、48％乐斯本乳油1 000倍液喷施或灌根，也可用米乐尔每亩 4 千克与基肥同施。夏秋季节地上害虫主要有蚜虫、猿叶虫、菜青虫、黄条跳甲等，可选用 10％吡虫啉 3 000～5 000 倍液、3％卡死克 2 000 倍液、48％乐斯本乳油 1 000 倍液或 2.5％绿色功夫 2 000 倍液交替喷施防治。

十五、大棚春胡萝卜栽培技术

胡萝卜传统方法是秋季栽培，一季生产半年供应，从 10 月份一直供应到第二年 3～4 月份。市场上 4 月份以后胡萝卜供应量比较少，市场价格比较高。春大棚栽培胡萝卜上市时间在 5～6 月，正好弥补这个淡季市场。春大棚栽培胡萝卜技术简单、投资少、省工、省事，没有病、虫害，是一项值得推广的春大棚栽培模式。其栽培技术如下。

（一）品种选择

春季栽培应选择耐寒性强、生长期短、耐抽薹的品种。选择适宜市场消费的红皮、红肉及中心柱全红的品种。如改良黑田五寸、红参王等品种。

（二）施足底肥，增施钾肥

每生产 5 000 千克胡萝卜需吸收氮 16 千克、磷（P_2O_5）6.5 千克、钾（K_2O）25 千克。如果氮肥过多或缺钾会导致叶片生长过旺，影响肉质根膨大，从而降低产量，同时会使根尖短缩或尾部发尖，降低商品价值。

农户可根据种植田块肥力，配施氮、磷、钾肥，每亩施腐熟有机肥 2 500～3 000 千克、45%三元复合肥 30～50 千克、硫酸钾 25～30 千克作底肥。施肥后耕翻，耕深 25～30 厘米。整地做畦，畦宽 2 米，沟宽 30 厘米，健全水系。

（三）适期精细播种，确保一播全苗

胡萝卜种子小且具有革质膜保护，不但发芽困难而又顶土力弱。若播种过深，易“闷芽”；若播种过浅，播种期间温度高，蒸发量大，且易下暴雨，很容易“回芽”或“拍苗”。若想一播全苗，必须做到播前把种子上的刺毛搓净，播后做好覆盖降温保湿。2 月上中旬播种为宜，早播易抽薹，迟播产量、效益明显下降。一般条播行距 20～25 厘米，每亩播净籽 350 克，盖土 1.5 厘米厚，浇足底水。每亩用二甲戊乐灵 100 毫升或扑草净 100 克对水 40 千克，

均匀喷洒畦面，防除杂草。播种后沿播行覆盖碎秸草或遮阳网，保持土壤湿度，防暴雨冲刷，同时降地温，以利于出全苗。

（四）加强田间管理

1. 疏苗与定苗 胡萝卜出苗后及时疏苗，防止苗窜高。幼苗2叶期疏苗1次；3～4叶期间苗1次，苗距4～5厘米；5～6叶期定苗，苗距9～12厘米。

2. 合理调控水分 出苗前保持土壤湿润，利于发芽出苗。幼苗期保持土壤见干见湿，促进细根正常生长。土壤过干，根扎不下去，过湿，易烂根尖。肉质根膨大期遇干旱时必须灌溉，以提高产量。要保持多见干少见湿，水分供应相对稳定，切忌大干大浇。先过干后过湿，胡萝卜易开裂；先过湿后过干，胡萝卜表皮粗糙，肉质老化。有条件的农户可在畦上布设软管滴灌，畦宽2米，顺畦方向布设软管2根，每次滴灌7～9米^3。

3. 追肥促长，适度化控 肉质根膨大期看苗追肥1～2次，每次每亩施尿素5～10千克、硫酸钾7.5～10千克，并用25%助壮素30毫升对30千克水喷洒，促进肉质根膨大。

4. 适时培土 为提高胡萝卜质量，在肉质根膨大时必须培土，防止胡萝卜肉质根见光转绿，出现“青头”而影响商品性。

（五）搞好病虫防治

苗期注意选用70%甲基托布津800倍液+75%百菌清600倍液防治叶枯病、黑斑病。软腐病为害肉质根，被害部分软化腐烂，汁液外溢，有恶臭，应及时清除病株，并在发病初期用72%农用硫酸链霉素3 000～4 000倍液或新植霉素4 000倍液灌根或对茎基部喷雾。及时选用吡蚜酮、功夫菊酯防治蚜虫、夜蛾类害虫。

（六）注意防控生理性病害

1. 歧根 歧根即肉质根分杈，俗称杈根。是由于主根生长点遭到破坏或其生长受到抑制，而引起侧根生长膨大所致。侧根生长膨大而形成的畸形根，有1个或多个分杈。诱导发病的因素：一是使用未充分腐熟的肥料，或追施化肥过于集中，或离根太近，造成主根“烧伤”；二是主根被地下害虫咬伤，或被锄地等农事操作误

伤，而不能继续生长，均可造成侧根膨大形成歧根；三是耕作层浅，或土质过于黏重、板结以及土壤中的石块、瓦片等使主根不能正常下扎，而后侧根逐渐生长膨大形成杈根。防止方法：一是前茬收获后用大拖拉机深耕土地 25～30 厘米，实施高畦栽培，捡除土中的石块、瓦片等影响主根下扎的障碍物。二是施用充分腐熟的有机肥，施肥应合理并施匀；及时用毒死蜱、氯唑磷防治地下害虫，使主根免受伤害。

2. 裂根　胡萝卜生长中后期肉质根开裂，内部组织外露，称为裂根。裂口长度和深度不一，严重时纵裂长度几乎可纵贯肉质根。该病的发生除降低产量和商品性外，亦使肉质根不耐贮藏，并易导致软腐病发生。病因是土壤水分供应不均引起。在胡萝卜生长前期遇高温干旱天气，若土壤水分不足，则肉质根的皮层组织老化，当生长中后期温度、水分适宜时，肉质根的薄壁细胞再度膨大，而皮层组织不能相应生长，造成肉质根开裂。防治关键是在肉质根膨大阶段，土壤应保持湿润，做到既不过干也不过湿。另外，缺钙时胡萝卜新叶生长受阻，叶卷曲变褐枯死，一般可用钙宝 800～1 000 倍或 0.3%～0.5%氯化钙溶液进行叶面喷施，每亩用量40～50 千克。胡萝卜缺硼时，新叶呈淡绿色，叶顶向外卷、畸形，心叶枯死，可每亩喷 0.2%硼砂或硼酸溶液 40～50 千克。叶面喷肥应选在阴天或晴天无风的下午进行。

（七）采收

5、6 月份，将胡萝卜分批采收、清洗、分级，10～15 千克定量包装上市，前期由农民合作社牵头组织供应大中城市市场，中后期供应蔬菜脱水厂或酱厂，歧根、裂根等次品供应奶牛场。每亩可产胡萝卜 5 000 千克，产值 3 000～5 000 元。

十六、夏季青蒜大棚遮阳网覆盖栽培技术

青蒜是群众喜爱的蔬菜之一，其正常的栽培季节是在 10～12 月，采收期在翌年的 1～4 月。青蒜反季节栽培指盛夏或初秋播种，

特别是6～7月播种，9～10月采收上市，此时上市的青蒜价格高，经济效益好。近几年来，利用设施多层覆盖栽培蒜苗，均取得成功，既可满足蔬菜伏夏供给，又能进一步提高土地利用率，获得可观的经济收益。平均亩产量2 100千克，亩产值6 500元。夏青蒜大棚遮阳网覆盖栽培技术要点：

（一）品种选择

选用适合当地种植的早熟小瓣品种，如二水早、曹州早薹1号、金堂早、冬冻青、狗牙蒜、全州肉蒜等。

（二）整地施肥

选择灌溉条件较好、肥沃的沙壤土田（地），前茬作物收获后，种植前一犁耙或二犁三耙，耕翻、暴晒，确保泥土疏松细碎平整，除净杂草，每亩施腐熟厩杂肥2 500～3 000千克、饼肥20千克作基地，以厩肥为主，将基肥与泥土充分混合（若农家肥较少可在播种后撒施畦面作盖种肥用）。起畦，按宽1.2～1.4米起畦，开畦沟宽30～40厘米，深25～30厘米。

（三）种子处理

大蒜发芽适宜温度为15～20℃，超过25℃难以发芽，种子低温处理是反季节青蒜种植成功的关键。选用红皮、蒜头完整、无畸形、无病虫、颗粒饱满、蒜瓣较大、辣香味浓的玉林香蒜或其他优质品种。夏播前，将蒜瓣剥离，置于0～4℃的低温条件下14～20天，以打破休眠期。

1. 冷库低温处理 大面积生产的大蒜，一般把蒜瓣放在0～4℃的冷库中1个月，然后取出播种。

2. 冷水浸泡处理 没有冷库条件的，可将大蒜种瓣浸泡于冷水中（最好是冷凉的井水）2～3天，浸泡期间要勤换水，之后捞出播种。或把种子吊放在阴凉的水井里，或将蒜种在井水里浸泡12小时，也可达到打破蒜种休眠的目的。

（四）精细播种

栽培前要除去种茎盘，按大、中、小分为三级，于6月下旬至7月上中旬播种，每亩用种量100～125千克。行距14～15厘米，

株距7～8厘米，每亩种植5万～6万株。开浅沟播种，将蒜瓣背插入土，以微露尖端为宜，然后覆以1～2厘米厚的细土，再用稻草、甘蔗叶等覆盖，并立即浇水保湿（最好是施稀释的沼液）。

（五）密植栽培

夏季青蒜大棚遮阳网覆盖栽培，从6月中旬至8月上旬均可播种。采用高密度栽培，株行距均为2～3厘米，亩用种量600～750千克。用手将蒜瓣插入土中，全畦播完后，撒细土盖住蒜瓣。

（六）田间管理

播种后立即浇水，适当补撒细土，同时追施稀粪水及少量尿素。

1. 遮阳 6、7月份烈日高温，为了使大蒜生长期间处于较低土温、气温条件及免遭暴雨袭击，必须用遮阳网遮阳。栽后即搭1米高的平棚架，每天上午8时覆盖遮阳网，下午5时后揭去。采收前7～10天，喷1次赤霉素溶液，并追肥浇水，促进生长。一般采用中小棚覆盖方式，方法是在畦上搭高约1.3米的平棚或拱架，棚上再直接盖上遮阳网。有条件的可进行大棚覆盖，即在塑料膜上加盖遮阳网或大棚架上直接覆盖遮阳网。夏季气温很高，应采取全天盖网，进入9、10月份，天气渐凉，可揭开遮阳网。

2. 水肥管理 播种后和大蒜生长期要经常淋水，保持土壤湿润。追肥以施速效肥为主，第一次追肥于出苗后30～35天进行，每亩可用尿素3.5千克、过磷酸钙10千克对水淋施；隔15天后进行第二次追肥，每亩用尿素4千克、过磷酸钙10千克、硫酸钾1千克对水淋施；第三次追肥于齐苗后65天左右，每亩用尿素4.5千克、过磷酸钙15千克、硫酸钾3千克对水淋施。每次追肥后，应立即向蒜苗洒1次水，并保持覆盖物湿润3～4天。根外施肥视苗情进行，可用浓度0.3%的磷酸二氢钾溶液每隔7天喷1次，连续3次。同时注意勤除杂草。出苗后90天左右，即可采收上市，应收大留小分批多次采收。

（七）病虫防治

大蒜的虫害较少，主要是蝇蛆。在成虫发生期，可用21%灭杀毙乳油 6 000 倍液，或 2.5%溴氰菊酯乳油 3 000 倍液，或 20%菊马乳油 3 000 倍液，每隔 7 天喷 1 次，连喷 2～3 次；也可用 90%敌百虫晶体或 80%敌百虫可溶性粉剂或 40%乐果 1 000 倍液灌根。

大蒜的病害主要有病毒病、叶枯病、紫斑病、软腐病、疫病、白腐病和锈病。病毒病，生长期间若发现叶片畸形、萎缩、花叶及发育不良的植株，可能受病毒病感染，要及时拔掉。生产上选用脱毒品种，可减少病毒病的发生和危害。霜霉病、叶枯病发病初期可用 75%百菌清可湿性粉剂 600 倍液，或 50%扑海因可湿性粉剂 1 500倍液，或 64%杀毒矾可湿性粉剂 500 倍液，或 60%乙磷铝可湿性粉剂 500 倍液，7～10 天喷 1 次，连喷 2～3 次。如用 50%万宁可湿性粉剂 1 500 倍液喷雾，7～10 天 1 次，连喷 2 次，采收前 10 天不得用药。紫斑病，可用 75%百菌清可湿性粉剂 500～600 倍液喷雾，7～10 天 1 次，连喷 2 次。软腐病，于发生初期用农用链霉素喷洒，7～10 天 1 次，防治 1～2 次。锈病，发病初期可用 20%三唑酮乳油 2 000 倍液或 70%代森锰锌可湿性粉剂 1 000 倍液加 15%三唑酮可湿性粉剂 2 000 倍液喷雾，10～15 天 1 次，喷 1～2 次。疫病，可在发病初期用 72%可湿性克露粉 800～1 000 倍液，或 58%甲霜灵锰锌可湿性粉剂 500 倍液进行喷雾。白腐病，在初期喷洒 50%多菌灵可湿性粉剂 500 倍液，或 50%甲基硫菌灵可湿性粉剂 600 倍液，或用 5%扑海因可湿性粉剂 1 000～1 500 倍液灌淋根茎。

（八）及时采收

播种后 1 个月开始采收。采收方法有拔株或割叶两种。割叶上市，应每隔 15～20 天收割 1 次，每割 1 次都要追施稀粪水及少量尿素，促使进一步生长。

十七、夏季芫荽大棚遮阳网覆盖栽培技术

近几年来，随着饮食文化的发展和火锅的盛行，食用芫荽的人

越来越多，市场需求量越来越大，种植芫荽成为菜农致富的途径之一。尤其夏季高温季节栽培芫荽经济效益较高，但栽培难度大，需要采取遮阳网覆盖等降温措施，也可采用防雨棚加遮阳网覆盖的方式栽培，或采用间作套种形式，如在丝瓜棚下栽培等。夏季芫荽大棚遮阳网覆盖种植关键技术如下：

芫荽，又名香菜。属于高效速生保健蔬菜，每百克含蛋白质2.0克，碳水化合物6.9克，脂肪0.3克，钙170毫克，磷49毫克，铁5.6毫克，胡萝卜3.77毫克，维生素C 41毫克以及硫胺素、核黄素、尼克酸等。此外还含有挥发油、右旋甘露糖醇、黄酮苷等。香菜芳香健胃，祛风解毒，并有促进周身血液循环的作用。《本草纲目》说："胡荽辛温香窜，内通心脾，外达四肢。辟一切不正之气，散风寒、发热头痛，消谷食停滞，顺二便，去目翳，益发痘疹"。因有特殊香味，一般无须防病治虫，是菜农种植致富的良好品种。

（一）品种选择

芫荽性喜冷凉，夏季栽培属于反季节栽培，通常选用耐热、生长速度快、抽薹晚、品质好、香味浓、病虫少、适应性强的品种，如四季香菜、北京香菜、华北大叶等抗热、耐热品种。如泰国四季香大叶香菜，是从泰国引进的最新品种，表现耐热、耐寒、耐抽薹、生长快等突出优点。香味浓郁，株高30～45厘米，商品株单株重100克以上，4～5株就可达500克。叶深绿，叶柄白绿色，叶和嫩茎全株可食用，是药食两用的保健蔬菜。产量较高，每亩产量可达6 000～8 000千克。凡能种青菜的地方均可种植，可四季播种、分期分批常年供应市场。

（二）整地施肥

香菜种植地宜选择肥沃疏松、保水和排水性较好、近水源的沙质壤土。前茬作物收获后及时深翻20～25厘米，晒上15天。播前先结合翻土，施足基肥，每亩基施优质腐熟粪肥3 000～3 500千克，三元复合肥20～30千克。而后耕翻土地，深沟高畦种植，为便于使用遮阳网，做成畦宽120厘米、高20厘米、沟宽30厘米的深沟高畦，要整细整平畦面表土，以利整齐出苗。天旱时则须提前浇足底水，整细耧平后待播。

（三）播期安排

芫荽性喜冷凉，生长适温 17～20℃。夏季种植芫荽播种期要求不严，各地区夏季露地直播，适宜播期通常为 4 月下旬至 7 月上旬，一般每 5～7 天播种一批。

（四）种子处理

芫荽种子在高温条件下发芽困难，播种前用 1%多菌灵可湿性粉剂 300 倍液浸种半小时后捞出洗净，进行浸种催芽，才能保证出苗齐、出苗快。先将种子搓开，使其果实内两粒种子分离。而后用洁净水浸泡 4～5 小时，装入布袋置室温下进行保湿催芽，每 2～3 天用水浸润一次。一般经 10 天左右，幼根露白时即可取出播种。也可在播种前将芫荽种子用凉水浸泡 12～15 小时，取出后放在室内摊晾，上面覆盖湿麻袋保湿，经 2～3 天胚根露出后即可播种。每亩用种量为 1.5～2 千克。

（五）精细播种

夏季种芫荽以均匀撒播为好，一般每亩用芫荽种约 2 千克。撒播方法是“先播两畦留一畦”。即将先播畦备用的覆盖土取放在两侧的留畦面上，然后灌足水，待水渗完后均匀播种，播后盖土 2 厘米，然后再播留下的空畦，方法与先播相同。播后浅耧拍实，覆双层遮阳网保湿，助苗出土。待幼苗大部分出土时，即应除去覆盖遮阳网。一般播后约 7～10 天出苗。全部播完后进行一次镇压保墒。若天气干旱、土壤湿度小，会影响出苗，可以用少量水浇灌一次。

（六）田间管理

播后在畦面覆盖遮阳网并浇水保墒，在出苗之前如果遇到降雨，天晴后地面容易形成板结，会严重影响香菜的出苗率，这时应在出苗之前浇一次水，保证土壤的透气性，以利于出苗。播种后大约 9～10 天香菜即可出苗，出苗后及时揭除覆盖的遮阳网。夏季气温较高，会影响香菜的生长。因此，揭掉畦面覆盖的遮阳网或草苫后，还要及时搭架盖上遮阳网。遮阳网应采取白天盖、晚上揭的方

式，加强通风，防止苗长得细弱和引发病害。芫荽因生长期短，宜早除草、早间苗、早追速效性氮肥。一般应在齐苗后 7 天左右进行间苗，2 片真叶时定苗，苗距 2～3 厘米。通常 8 天左右浇 1 次水，苗高 3 厘米时开始追肥，每亩追施尿素 10～15 千克和硼肥 250 克。以后结合浇水分期追施碳酸氢氨或尿素 2～4 次，后期施叶面肥时应添加适量的磷酸二氢钾，以促进叶片生长。当芫荽长到 4～5 厘米高时再次进行间苗，以保证有足够的生长空间，按 3～4 厘米的株距进行间苗，除劣存优，间苗时要保证所留苗大小均匀，使其生长一致。在苗高 6～7 厘米时轻追肥，可用 0.03%～0.05%的尿素液浇施。以后水肥管理上，如果天气晴好，5～7 天应浇 1 次水，并随水每亩冲施 7.5～12.5 千克硫酸钾。

（七）病虫防治

无公害芫荽的病虫害防治应本着以防为主、以治为辅的原则，多种防治方法相结合，将病虫害控制在最小范围内。

1. 农业防治　以抗病性强的品种为基础，实行轮作，避免连作。及时清除田间病株病叶，减少病菌感染机会。加强肥水管理，提高植株的抗病性。

2. 物理、生物防治　应用频振式杀虫灯、性引诱剂、Bt 粉剂等物理防治方法。

3. 化学防治　病害主要有苗期猝倒病，成株期病毒病、炭疽病和斑枯病。出苗后 5 天，用无公害杀菌剂 3%多氧清 800 倍液喷雾 1 次，以后每隔 7 天用多氧清 600 倍液喷 1 次，共喷 2～3 次，可防止猝倒病、炭疽病和斑枯病。防治病毒病，可采用防虫网防止传播的蚜虫飞入；采用遮阴避免高温干旱环境，减少蚜虫发生；用 20%吡虫啉可湿性粉剂 20 克加水 50 千克叶面喷施，以彻底防治蚜虫，预防病毒病的发生。斑潜蝇用 1%阿维菌素 1 500 倍液喷雾。

（八）及时采收

根据气温高低、幼苗大小确定采收期。一般在播种后 30～40 天、苗高 7～10 厘米时即可开始陆续采收上市。采收前 15 天左右，喷 20～25 毫克/千克赤霉素，可使叶片伸长，分枝增多，产量高。

现在市场上收购的芫荽都在 23～25 厘米高，如果高度超过 25 厘米，出售价格将大打折扣，因此一般在芫荽大部分长到 23 厘米高之前及时采收。

十八、大棚草莓无公害栽培技术

草莓是多年生草本植物，植株矮小，适应性强，繁殖快，栽培容易，周期短。草莓果实色泽鲜艳，柔软多汁，香味浓郁，营养丰富，是一种高档营养水果，具有较高的经济价值。江苏省盐城市盐都区秦南镇孙伙村 2 组宦立国在盐城市现代农业示范园区种植大棚草莓 180 亩，亩产量 2 500 千克，亩均产值 1.6 万元左右，亩平均纯效益 1 万元。其关键技术如下：

（一）选用良种

选用休眠期较短，在低温条件下开花多、自花授粉能力强，果型大而整齐、畸形果少，产量高，风味佳，特别是市场竞争力强的品种，如丰香、法兰地、红岩、章颐等。

（二）培育种苗

每年秋季 9 月下旬到早春 4 月底以前，选择土壤肥沃、排灌方便的地块做苗圃地，亩施有机肥 5 000 千克，深耕 25 厘米，做成 1.5～2 米的平畦。

母株选择一年生、生长健壮、根系发达、无病虫害、有不少于 4 枚正常叶的匍匐茎苗（无病毒病的脱毒苗更佳）。按繁殖系数高低，亩用苗量 1 500～2 500 株。4 月初及时摘除花序，以节约养分，促进匍匐茎的生长。及时将匍匐茎摆布均匀，防止过稀或过密，子苗及时培土，促发新根。5 月 20 日开始喷赤霉素，间隔 15 天后，再喷 1 次。

（三）及时定植

要采用脱毒苗和进行土壤消毒，忌选重茬地。定植前 20 天，建好大棚，亩施腐熟有机肥 5 000 千克，磷酸二铵 30 千克，硫酸钾 30 千克。于 8 月中旬定植。撒施后深耕 25 厘米，细耙 2 遍，浇

足底墒水，采用小高垄栽培，垄高 15 厘米，垄距 90～100 厘米，垄面宽 50 厘米，每垄栽双行，行距 18 厘米，株距 12～15 厘米，亩密度 8 000～10 000 株。选用 5 片叶以上的苗，选在阴雨天或晴天下午 4 时以后，带土移栽，做到“上不埋心，下不露根”，新茎的弓背一律向外，栽后连续浇小水，直到成活为止。

（四）精细管理

1. 前期管理　定植苗长出 2 枚新叶后开始摘去老叶，长出 4 枚新叶时亩追施尿素 10 千克。9 月中下旬，施磷酸二铵或复合肥 20 千克，施肥后及时浇水、中耕。10 月 20 日左右，当夜间气温降至 8℃时扣棚。

2. 温度管理　萌芽期保持白天 26～28℃，夜间 8℃以上；花期白天 22～25℃，夜间 12～15℃；果实膨大期白天 20～25℃，夜间 8℃；采收期白天 18～25℃，夜间 5～6℃。

3. 水分管理　开花期控制浇水，坐果到成熟保持土壤湿润。早晨采收前控制浇水。

4. 合理施肥　追肥宜“少吃多餐”，从顶花絮吐蕾开始，每 20 天追 1 次，每次每亩追施尿素、过磷酸钙各 15 千克，或复合肥 50 千克。第一次采收高峰后，每 30 天追 1 次肥。追肥时先把肥料用水化开，再随水灌入。结果始期用 500～1 000 倍磷酸二氢钾每 7～10 天喷 1 次，连续喷 2～3 次。

5. 摘叶疏花与辅助授粉　及时从茎基部摘除发黄的老叶及病叶，以利通风透光和防病，并带到田外深埋。在第一朵花开放前，每个花序留 7～8 个小花，摘去花序前端的其他花蕾，使果实大而整齐，成熟相对集中。在开花期放养蜜蜂辅助授粉。

6. 病虫害防治　用 100 厘米×20 厘米的纸板上涂黄漆，上涂一层机油，每亩 30～40 块，挂在行间防治烟粉虱和蚜虫。当板上粘满烟粉虱和蚜虫时再涂一层机油。防治灰霉病：用 50％速克灵 800 倍液，或速灭霜 1 支加水 10 千克，或 70％甲基托布津可湿性粉剂 1 000 倍液，或 50％多霉清 800 倍液，或 50％多菌灵 600 倍液等喷雾。也可用百菌清、速克灵烟雾剂或克霉灵粉尘剂等，轮换用药可起到良好的防治作用。防治根腐病：要轮作不重茬；及时清除病株和周围土壤，用600～800倍敌克松液等灌根消毒。防治白粉病：在发病初期亩用三唑酮1 500倍液喷雾。采果期尽量少用药，必须用药时应选择残毒低的药剂，并且喷药后在安全间隔期内停止采果，防止果实残毒影响健康。

（五）适时采收

大棚草莓果实以鲜食为主，必须在70%以上果面呈现红色时方可采收，冬季和早春温度低，要在八至九成熟时采收，一般需隔1～2天收1次。采摘应在上午8～10时或下午4～6时进行，不摘露水果和晒热果，以免腐烂变质。采收时要带果柄，不损伤萼片，分级架空堆放，切忌贮存和搬运时受挤压。

第六章　多层覆盖栽培蔬菜病虫害防治

一、多层覆盖栽培蔬菜病虫害的发生特点

蔬菜多层覆盖栽培与露地栽培的环境条件有根本区别，由于空间密闭，温度变幅大，相对湿度高，光照强度低，二氧化碳（CO_2）浓度不足，因而为多种病虫害的发生流行提供了良好的条件，病害易成“急性型”，虫害易成“暴发型”，给防治带来困难，常因措手不及或防治不力，导致毁灭性灾害。

（一）土传病害发生偏重

土壤是蔬菜的根系环境，也是多种病原菌越冬场所。在正常情况下，土壤中的病原菌和大量的有益微生物保持一定的平衡。棚室栽培的蔬菜种类比较单一，栽培面积有限，轮作倒茬困难，连作不可避免。由于蔬菜根系的分泌物质和病根的残留，使土壤微生物逐渐失去平衡，病原菌数量不断增加，诱导病害发生。另在多层覆盖栽培情况下，多层覆盖设施一旦建成，往往因移动不便，轮作换茬困难，棚室土壤比露地土壤光照少，温度和湿度高，病原菌增殖迅速，生产中又缺乏抗病品种，土传病害会随连作年限增多而不断加重，例如新建棚室发生瓜类枯萎病后如不及时采取有效防治措施，一般从零星病株到普遍发病只需 4～5 年时间。在大型连作温室中，果菜类根结线虫病只需 3～4 年，病株率可达 100%，减产 50%以上，严重威胁多种蔬菜生产。

（二）气传病害容易流行

在冬、春季节，特别是寒冷的冬季，夜晚棚室密闭保温，设施

内相对湿度达90%～100%，棚室屋面结露后散落在植株上，常在黄瓜、番茄的叶面和果实上形成水膜，造成高湿的环境，对蔬菜生长发育不利，却有利于多种病菌的萌发、侵染和繁殖。特别是借气流传播的病害，如黄瓜霜霉病菌，在叶面结露或有水膜3小时左右便能萌发，侵入寄主。若防治不及时，则传播蔓延相当迅速，常引起流行，轻者造成减产，重者甚至绝收。因此，多层覆盖蔬菜气传病害的发生及危害较露地偏重。

（三）虫害发生世代期短

外界环境温度直接影响害虫的体温及生命活动，温度对害虫分布、生育历期及发生危害的影响比湿度更重要。如跗线螨、烟粉虱、白粉虱在江苏省绝大部分地区不能露地越冬，但随着近年来大棚多层覆盖栽培的发展，大棚数量的增加，已可在冬季日光温室及多层覆盖大棚中继续繁殖危害，并形成虫源基地，已上升为蔬菜的主要害虫。而蚜虫、红蜘蛛可在露地越冬，又能在棚室内继续繁殖，且世代完成期缩短。因此，其发生代数多，危害也呈上升趋势。总之，多层覆盖栽培条件下，害虫的发育历期缩短，繁殖数量增大，危害程度加重。

（四）蔬菜的生理障碍加重

一般引起蔬菜生理障碍的原因主要有营养元素比例不协调、微量元素缺乏、温度过低、水分失调、光照不足、土壤盐渍化、有害气体浓度过大、植物激素使用不当等，这些均可造成蔬菜生理障碍。磷元素不足会导致茎叶变细，叶变深绿、小而无光泽，根系发育不良，生长缓慢，植株矮小，果实迟熟。缺钾则叶缘出现灼伤状，老叶尤其明显，初期植株生长缓慢，叶片小，叶缘渐变黄绿色，后期叶脉间失绿，并在失绿区出现斑驳，叶片坏死。缺镁，首先从老叶的叶脉间叶肉部分失绿发黄，严重时叶脉间发生坏死现象。缺硼，根系不发达，生长点坏死，花器发育不全，果实畸形。土壤盐渍化的结果，会损伤作物根部，妨碍根系对养分的吸收。温度不适会影响作物根系的生长，低温会造成沤根或落花落果，甚至发生冻害。设施内长期处于密闭或半密闭状态，施肥不当会发生氨

气等有害气体的危害，引起作物中毒。而使用激素浓度过大则会造成僵苗，叶片皱缩、蕨叶，甚至导致果实畸形等不良后果。上述障碍均由非病理性因素造成，而在露地却较少发生。

（五）病虫寄生范围广

多种病原菌及害虫随病株残体在土壤、肥料中越冬，成为翌年的初侵染源，是蔬菜病虫害发生、流行的重要环节。露地环境下，病原菌死亡率高，在蔬菜生长季节才能侵染，一般发病迟、危害轻，只在局部地区季节性流行。而在多层覆盖大棚栽培中，土壤温度适宜，病菌既可安全越冬，又可周年发生，如番茄早疫病、叶霉病，多种蔬菜的疫病、菌核病、灰霉病等，均较露地为重。如番茄晚疫病菌露地只侵染番茄和马铃薯，菌源较少，除特殊气候外，一般年份危害较轻。近年来，随着多层覆盖大棚蔬菜的发展，番茄四季种植，寄主常年存在，使番茄晚疫病菌数量不断增加，危害逐年加重，已成为常发生的主要病害之一。

总之，发展多层覆盖大棚蔬菜，对病虫害发生起着动态的影响。多层覆盖大棚栽培的环境条件，对多数病虫害发生比较有利，但冬春茬多层覆盖大棚内蔬菜病毒病的发生与危害均较轻。

二、多层覆盖栽培蔬菜主要虫害防治技术

（一）茶黄螨

茶黄螨又名侧多跗线螨、嫩叶螨，属蛛形纲蜱螨目跗线螨科，全国各地普遍发生。

1. 形态特征 雌螨长约0.21毫米，体躯阔卵形，腹部末端平截，淡黄色至橙黄色，半透明，有光泽。身体不分节，体背部有一条纵向白线。足4对，较短。雄螨长约0.19毫米，体近六角形，腹部末端为圆锥形，足长而粗壮。卵长约0.1毫米，椭圆形，无色透明，卵表面具有瘤状突起。幼螨长约0.11毫米，近椭圆形，淡绿色，足3对，体背有一白色纵带，腹末有1对刚毛。若螨长约0.15毫米，是一静止阶段，外面罩着幼螨的表皮。

2. 寄主与危害 茶黄螨食性较杂，已知寄主达70多种。主要危害茄果类、瓜类、豆类以及芹菜、木耳菜、萝卜等蔬菜。成螨集中在寄主幼嫩部位刺吸汁液，尤其是尚未展开的芽、叶和花器受害更重。被害叶片增厚僵直、变小或变窄，叶背呈黄褐色或灰褐色，带油渍状光泽，扭曲。花蕾畸形，受害重的则不能开花。

茄子幼果受害，脐部变黄褐色，被害部位停止生长，果实膨大后果皮龟裂，裂口深达1～3厘米，种子裸露，果实味苦而不能食用。果柄和萼片呈灰黄褐色，严重受害可造成植株顶部干枯。黄瓜、番茄受害时呈秃尖。甜（辣）椒受害则植株矮小、丛生，落叶、落花、落果，形成秃尖，果柄、果实变黄褐色，暗无光泽，果实不能长大，肉质发硬。由于茶黄螨较小，肉眼很难发现，危害又和病毒病症状、生理病害有些相似。因此，在生产上有时会把它和病毒病或生理病害相混，造成施药不对路，失去防治良机。

3. 生活习性 茶黄螨在南方每年可发生25～30代，世代重叠。在没有日光温室的地区，该螨以成螨在土缝、蔬菜及杂草的根际越冬，翌年3～4月，即可在大棚和露地蔬菜上繁殖危害。近年来，随着设施栽培的发展，冬季可在日光温室或多层覆盖大棚中越冬、繁殖和危害。螨靠爬行、风力、人、工具、菜苗等传播蔓延。开始发生时有明显的点片阶段，3～5月是防治的关键时期。一年中，露地一般以7～9月份危害最盛。特别是在辣椒上，常造成秃顶而导致提早拔棵，是影响辣椒生产的主要障碍。10月份后，气温下降较快，螨数量随之减少。

茶黄螨繁殖速度很快，喜温暖、潮湿的环境条件。温度对其生长发育和繁殖的影响比湿度更重要，在15～30℃环境中能正常发育、繁殖，25℃时完成1代平均需12.8天，30℃时为10.5天。气温超过35℃时卵孵化率降低，幼螨和成螨的死亡率极高，雌螨生育能力显著下降。成螨对湿度要求不严格，相对湿度40%即可正常生殖。卵孵化和幼螨生长发育需80%以上的相对湿度，否则就会造成大量死亡。可见，棚室温暖、潮湿的环境条件对茶黄螨的生长发育和繁殖较为有利，因此冬季在日光温室（多层覆盖大棚）中

即可危害，而秋棚与春棚危害严重。

茶黄螨成螨较活跃，且有雄螨携带雌若螨向植株上部幼嫩部位转移的习性。一头雌螨可产卵百余粒，寿命10～20天。卵多产在嫩叶背面、果实凹陷处及嫩芽上，经2～3天孵化，幼螨、若螨期各2～3天。

茶黄螨喜欢在植株幼嫩多汁部位取食，一旦取食部位变老，就立即向幼嫩部位转移，所以又称“嫩叶螨”。

4. 防治方法

（1）压低越冬虫口基数　搞好冬季日光温室害螨的防治工作，铲除地头、沟边、田间杂草，清除田间的枯枝落叶并集中焚烧，以降低越冬虫口基数，减轻春季危害。

（2）培育无虫苗　苗床面积小，虫口基数低，便于施药防治，定植前应做好药剂防治工作。

（3）及时进行化学防治　目前化学防治仍是对付茶黄螨的有效手段，防治关键在于及时用药，即在点片发生时，重点施药挑治，封锁中心区，防止扩散。同时对全田进行喷药保护。

喷药时重点喷植株上部嫩叶背面、嫩茎、花器、生长点及幼果，同时注意交替轮换用药。可喷洒下列药剂：5%尼索朗乳油、5%卡死克乳油、2.5%天王星（联苯菊酯）乳油2 000倍液；35%杀螨特乳油、73%克螨特乳油1 000倍液；21%灭杀毙乳油2 000倍液；1.8%阿维菌素3 000倍；15%扫螨净乳油2 000倍液喷雾。

（二）美洲斑潜蝇

美洲斑潜蝇又称蔬菜斑潜蝇、美洲甜瓜斑潜蝇、苜蓿斑潜蝇，属双翅目潜蝇科，是近年传入我国的检疫性害虫。

1. 形态特征　成虫体长1.3～2.3毫米，淡灰黑色，胸背板亮黑色，体腹面黄色，翅长1.3～1.7毫米，触角和额鲜黄色。前足棕黄色，后足棕黑色。腹部大部分黑色，但背板边缘黄色。卵米色，轻微半透明。幼虫无头，蛆状，初孵无色，渐变淡黄色，后期橙黄色，长约3毫米，共3龄。蛹椭圆形，腹面稍扁平，橙黄色。

2. 寄主与危害　已知美洲斑潜蝇寄主涉及13个科的60余种

植物，其中生产上以葫芦科、茄科、豆科作物受害最重，多危害黄瓜、西瓜、甜瓜、西葫芦、丝瓜、辣椒、番茄、茄子、马铃薯、菜豆、豌豆、萝卜、白菜、青菜等。美洲斑潜蝇以幼虫蛀食叶片上下表皮之间的叶肉细胞为主，形成曲折的蛇形隧道。隧道先端常较细，随幼虫长大，后端隧道较粗。成虫的取食和产卵孔造成一定的危害。美洲斑潜蝇对植物的影响主要是危害植物的叶片，影响光合作用和营养物质的输导。据介绍，受害叶片光合速率下降60%，气孔和叶肉输导速率明显降低，从而造成作物减产25%～30%，同时传播病毒，加速叶片脱落，引起果实日灼等。

3. 生活习性　美洲斑潜蝇在北纬35°以北地区不能自然越冬，在低纬度的热带地区或温室中可终年繁殖。一般雄虫较雌虫先出现，成虫羽化后24小时交尾，一次交尾即可使所有产下的卵受精。雌虫刺伤寄主叶片，作为取食、产卵场所。斑潜蝇造成的伤口中约有15%含有活卵。雄虫不能刺伤叶片，但可在雌虫刺伤的叶片伤口上取食。雌、雄成虫可取食花蜜。卵产于叶片表皮下，2～5天孵化。30℃左右时，卵期1～2天。在24℃以上时，幼虫发育期4～7天。30℃以上时，未成熟幼虫死亡率迅速上升。美洲斑潜蝇在叶片外部或上表化蛹。高温、干旱对化蛹均不利。化蛹后7～14天羽化。美洲斑潜蝇飞行能力有限，自然扩散能力弱，主要靠卵和幼虫随寄主植物或蛹随盆栽土壤、交通工具等远距离传播。

4. 防治方法

(1) *检疫措施*　加强检疫仍是防止该虫传播危害的主要方法之一。一旦发现应及时封锁扑灭。对来自疫区的菜苗和其他繁殖材料进行药剂处理后方可用于大田栽培。

(2) *农业措施*　美洲斑潜蝇是一种多食性害虫，但对寄生植物的喜好程度仍有明显的差别。豇豆与葱类间作、套种，具有吸引天敌、降低斑潜蝇危害的作用。在多层覆盖大棚内和发生世代较少的地方，定期清除有虫叶、有虫株并集中处理，有一定效果。

(3) *生物防治*　美洲斑潜蝇天敌有潜蝇茧蜂、绿姬小蜂、双雕

姬小蜂等，利用天敌可减轻危害。

（4）化学防治 美洲斑潜蝇繁殖力强，世代重叠。幼虫孵化后即潜入叶片表皮内取食叶肉，给防治带来一定困难。防治应在化蛹高峰后 9～10 天喷药，采用连环喷药法，隔 7 天左右喷 1 次，能有效地控制幼虫高峰期的危害。农药应注意交替轮换使用，以延缓害虫对各种农药产生抗性。喷药时注意雾点要细，上下结合，力求均匀，每亩用药液 50 千克。同时，要注意保护天敌，提倡选用生物杀虫剂。

常用药剂有：1.8％爱福丁 3 000 倍液，20％速灭杀丁或 10％兴棉宝 1 200 倍液，20％好年冬或 18％杀虫双 600 倍液，2.5％功夫或 48％乐斯本 1 000 倍液，10％烟碱乳油或 3.5％苦皮素 2 000 倍液，75％灭蝇胺可湿性粉剂 1 500 倍液。

（三）烟粉虱

烟粉虱属同翅目粉虱科小粉虱属。我国烟粉虱变异复杂，其中 B 型烟粉虱在我国分布广泛，现已成为农业生产的重要害虫。

1. 形态特征 成虫体长 0.85～0.91 毫米，翅展 1.81～2.13 毫米。头部边缘圆形，且较深弯。胸部气门褶不明显，背刚毛较少，4 对，背蜡孔少。背中央具疣突 2～5 个，侧背腹部具乳头状突起 8 个。虫体淡黄白色到白色，复眼红色，肾形，单眼两个，触角发达 7 节。翅白色无斑点，被有蜡粉。前翅停息时左右翅合拢呈屋脊状。足 3 对，跗节 2 节，爪 2 个。卵椭圆形，有小柄，散产，在叶背分布不规则。若虫椭圆形。1 龄体长约 0.27 毫米，宽 0.14 毫米，有触角和足，能爬行，二、三龄足和触角退化至仅 1 节，体缘分泌蜡质，一旦成功取食到合适寄主的汁液，就固定下来取食直到成虫羽化。蛹淡绿色或黄色，长 0.6～0.9 毫米，蛹壳边缘扁薄或自然下陷无周缘蜡丝。

2. 寄主与危害 寄主有番茄、番薯、木薯、棉花、烟草及十字花科、葫芦科、豆科、茄科等植物。烟粉虱对不同的植物表现出不同的危害症状，叶菜类如甘蓝、花椰菜受害叶片萎缩、黄化、枯萎；根菜类如萝卜受害表现为颜色白化、无味、重量减轻；果菜类如番茄受害，果实不均匀成熟。烟粉虱有多种生物型。

3. 生活习性 烟粉虱的生活周期有卵、若虫和成虫 3 个虫态，一年发生的世代数因地而异，在温带地区露地每年可发生 4～6 代。田间发生世代重叠极为严重。

烟粉虱的最佳发育温度为 26～28℃。烟粉虱成虫羽化后嗜好在中上部成熟叶片上产卵，而在原为害叶上产卵很少。卵不规则散产，多产在背面。每头雌虫可产卵 30～300 粒，在适合的植物上平均产卵 200 粒以上。产卵能力与温度、寄主植物、地理种群密切相关。成虫产卵期 2～18 天，每雌产卵 120 粒左右，卵多产在植株中部嫩叶上。成虫喜无风温暖天气，有趋黄性，气温 14.5℃开始产卵，气温升高产卵量增加，相对湿度低于 60%停止产卵。B 型烟粉虱寄主更多，对蔬菜品质和产量影响更大。

4. 防治方法

(1) 农业防治 温室或棚室内，在栽培作物前要彻底杀虫，严密把关，选用无虫苗，防止将烟粉虱带入保护地内。结合农事操作，随时去除植株下部衰老叶片，并带出保护地外销毁。在保护地周围地块应避免种植烟粉虱喜食的作物。注意安排茬口，合理布局。大棚内黄瓜、番茄、茄子、辣椒、菜豆等不要混栽，有条件的可与芹菜、韭菜、蒜、葱等间套种，以防粉虱传播蔓延。

(2) 物理防治 烟粉虱对黄色，特别是橙黄色有强烈的趋性，可在温室内设置黄板诱杀成虫。方法是用纤维板或硬纸版用油漆涂成橙黄色，再涂上一层黏性油（可用 10 号机油），每亩设置 30～40 块，置于植株同等高度。7～10 天，黄色板粘满虫或色板黏性降低时再重新涂油。

(3) 生物防治 丽蚜小蜂（*Encarsia formosa*）是烟粉虱的有效天敌，在保护地番茄或黄瓜上，作物定植后，即挂诱虫黄板监测，发现烟粉虱成虫后，每天调查植株叶片，当平均每株有粉虱成虫 0.5 头左右时，即可第一次放蜂，每隔 7～10 天放蜂 1 次，连续放 3～5 次，放蜂量以蜂虫比为 3∶1 为宜。放蜂的保护地要求白天温度能达到 20～35℃，夜间温度不低于 15℃，具有充足的光照。

可以在蜂处于蛹期（也称黑蛹）时释放，也可以在蜂羽化后直接释放成虫。如放黑蛹，只要将蜂卡剪成小块置于植株上即可。

此外，释放中华草蛉、微小花蝽、东亚小花蝽等捕食性天敌对烟粉虱也有一定的控制作用。

（4）化学防治　作物定植后，应定期检查。在零星发生时开始喷洒蜡蚧轮枝菌（方法见说明书），或用10%吡虫啉水分散粒剂1 000倍液，或25%噻嗪酮可湿性粉剂1 500倍液，或1%阿维菌素乳油3 000倍液，或10%烯啶虫胺1 500倍液喷雾。当虫口较高时（有的地方，黄瓜上部叶片每叶50～60头成虫，番茄上部叶片每叶5～10头成虫作为防治指标），要及时进行药剂防治。每公顷可用99%敌死虫乳油（矿物油）1～2千克，植物源杀虫剂6%绿浪（烟百素）、40%绿菜宝、10%扑虱灵乳油、25%灭螨猛乳油、50%辛硫磷乳油750毫升，25%扑虱灵可湿性粉剂500克，10%吡虫啉可湿性粉剂375克，20%灭扫利乳油375毫升，1.8%阿维菌素乳油、2.5%天王星乳油、2.5%功夫乳油250毫升，25%阿克泰水分散粒剂180克，加水750升喷雾。此外，在密闭的大棚内可用敌敌畏等熏蒸剂按推荐剂量杀虫。如每亩用10%异丙威烟剂250克熏蒸，隔7～10天1次，连续防治2～3次。采收前7天停止用药。

三、多层覆盖栽培蔬菜主要病害防治技术

（一）猝倒病

猝倒病是蔬菜苗期经常发生的一种病害，严重时幼苗大片死亡，有的甚至全部毁种，延误农时。该病主要危害茄子、番茄、辣椒、黄瓜、西瓜、甜瓜，也危害莴笋、甘蓝、芹菜、洋葱等幼苗。

1. 症状识别　猝倒病俗称“卡脖子”、“小脚瘟”。从种子发芽到幼苗出土前染病造成烂种、烂芽。苗期发病，幼茎多在近地表处的茎基部出现淡褐色水渍状病斑，病部迅速发展，绕茎1周，逐渐湿软缢缩成线状，表皮脱落，使幼苗依然青绿而折倒，最后病苗腐烂或干枯。几天后，以此为中心向周围蔓延扩展，最后引起成片幼

苗猝倒。苗床湿度高时，病苗茎基部或近地表有一层白色棉絮状的菌丝体。

2. 发生规律 猝倒病主要由瓜果腐霉真菌侵染所致。病菌的卵孢子或菌丝体在土壤或病残体上越冬，也可在肥沃土壤中长期存活。条件适宜时，病菌萌发侵入寄主。病菌随灌溉水流动传播，也可由带菌的堆肥、种子或农具等传播。苗床内高湿低温时易发病，土壤温度 15～16℃时病菌繁殖很快，土温 10℃左右时，不利于菜苗生长，但病菌仍能侵染幼苗。此病最初常在苗床棚顶滴水处个别幼苗上出现发病中心，几天后向四周蔓延扩散，引起成片死苗。幼苗子叶期或真叶尚未完全展开之前抗病力最弱，为感病阶段。此期间遇降雪、阴雨或寒流天气，光照不足，冷风吹入或雨水滴入苗床土中，苗床保温差，均易发生病害。此外，播种过密，分苗、间苗不及时，放风、排湿不当，造成苗床闷湿或温差较大，也易得猝倒病。

3. 防治方法

（1）*床址的选择* 苗床要求地势高燥、背风向阳、排水方便，最好是未栽培过茄果类蔬菜的地块。播前应充分翻晒床土，施足腐熟基肥。

（2）*种子处理和苗床消毒* 播种前用 55℃的温水浸种 15～20 分钟，并不断搅拌，浸种催芽后播种。如苗床建在重茬地或使用旧苗床时，须用药剂处理床土。方法是：选用 50%福美双、40%拌种双、58%甲霜灵锰锌可湿性粉剂，每平方米苗床用药 8 克左右。先将药剂与适量细土混匀，1/3 撒到苗床上，播种后其余 2/3 药土盖在种子上，最后覆土 2 厘米左右。要注意保持床面湿润，以免发生药害。也可用福尔马林消毒床土，方法是每平方米床上用 40%甲醛 30 毫升，对水 60～80 倍喷洒，然后用塑料薄膜将床土表面盖严，闷 4～5 天后，除去覆盖物，耙松，待甲醛气味散尽后（大约 2 周）播种。

（3）*培育壮苗* 有条件的地方可用地热线、营养盘、营养钵等培育壮苗，播前浇足适量的底墒水。播种要均匀，密度不宜过大，

要根据种子发芽率确定每平方米的播种量。播种后覆土不宜过厚，苗前注意增温以促进出苗。为防止徒长，每平方米苗床可施入矮丰灵 1.5～2 克。

(4) *加强苗床管理*　播种后或刚分苗的苗床内温度应控制在 24～30℃，地温保持在 16℃以上，做好保温工作，防止冷风吹入。注意通风换气，防止苗床内湿度过大。增强光照，促使幼苗生长。一旦发病，就应及时把病苗和邻近病土清除，并尽快提高地温，撒干细土或草木灰，降低土壤温度。

(5) *药剂防治*　发病前可用 30%百菌清烟剂，一般每立方米空间用药 0.2～0.3 克，密闭熏烟，做好预防工作（注意小棚不宜）。发病初期，除及时拔除病株外，要及时喷药。常用药剂有：75%百菌清可湿性粉剂 600 倍液，64%杀毒矾 M8 可湿性粉剂 500 倍液，25%甲霜灵可湿性粉剂 800 倍液，70%代森锰锌可湿性粉剂 500 倍液，58%甲霜灵锰锌可湿性粉剂 600 倍液。每 7 天左右喷 1 次，连喷 2～3 次。应注意喷洒幼苗嫩茎及发病中心附近病土。严重病区可用上述药剂对水 50～60 倍拌适量细土或细沙在苗床内均匀撒施。喷药应选在晴好天气进行，喷药后注意通风降湿。

（二）灰霉病

灰霉病是近几年来随着设施栽培的发展而发生的重要病害。由于保护地条件较适宜病害的发展，所以常造成此病流行，损失较大。

1. 症状识别　蔬菜苗期及成株期均可受害。幼苗受害造成死苗，成株受害造成烂叶、烂果。在番茄上，尤以叶片、果实受害最重。在叶片上主要从叶尖、叶缘开始，向内呈 V 形扩展。病斑初呈水渍状，边缘不规则，后呈浅褐色，潮湿时表面密生灰白色霉层。在果实上的表现，一般先从青果上残留的花瓣、花托和残存的柱头上开始，进而向果实和果柄上蔓延，被害部分果皮呈灰白色水浸状软腐，后期表面密生灰褐色霉层。青果不论大小均可被害，被害果实一般不脱落，第一穗果受害最重。在西葫芦上主要危害花和幼瓜，造成烂花、烂瓜现象。

2. 发生规律　灰霉病是由灰葡萄孢属真菌侵染引起的真菌性病害。病菌以菌丝或分生孢子或菌核在病残体、地表、土壤中越冬越夏。条件适宜时，由菌丝或分生孢子侵入寄主。分生孢子借助气流、雨水及农事操作传播蔓延，形成反复再侵染。病菌产生分生孢子的最低温度为 2～4℃，病菌发育的适温为 21～23℃，最高 31℃。病菌孢子的萌发和侵染需较高的湿度（90%以上）。冬、春大棚和温室的低温高湿环境是灰霉病流行的主要原因。

3. 防治措施　调节好棚室的温、湿度，清除病源，及时施药是防治灰霉病的有效方法。

（1）农业防治

1）加强栽培管理　注意通风降湿，上午尽量保持较高的温度，使棚顶露水雾化。晴天下午可适当延长放风时间，加大通风量。夜间注意保温，避免叶片结露。通风以通顶风、腰风为好，不宜放地脚风。发病初期控制浇水，需浇水时宜在晴天上午进行，以防止增加夜间棚内湿度。对长势过旺、通透性不良的田块要及时去掉下部老叶，以增强通透性，降低湿度。

2）集中清理病花、病果、病叶　发病初期，每天早晨要及时将病叶、病花、病果等感病器官摘除，放在盛有药液的容器中，带出棚室外集中深埋，不可在棚室内随地乱丢病叶、病果，也不可将这些病叶、病花、病果随便丢在棚室附近或水沟里。

（2）化学防治

1）药液沾花　可在生长调节剂稀释液中加入 50%速克灵可湿性粉剂或 40%多菌灵胶悬剂，用量为稀释液的 0.1%。

2）喷粉尘剂　常用的有 5%甲霉灵粉尘剂、5%百菌清粉尘剂等，每亩用量 0.8～1 千克，每 7～10 天喷 1 次。

3）熏烟　发病初期，可选用 20%速克灵烟雾剂、30%～45%百菌清烟雾剂，每亩用量 200～250 克，均匀放在棚室内，点燃后密闭棚室 2～4 小时即可。每隔 6～7 天 1 次，连续 3～4 次。

4）喷雾　可选择下列药剂：50%多霉灵可湿性粉剂 1 500 倍液，或 50%速克灵可湿性粉剂 1 500 倍液，或 50%扑海因可湿性

粉剂1 000倍液。其中多霉灵可湿性粉剂间隔期 12～14 天，其余 7 天左右 1 次。注意交替用药。

（三）疫病

疫病是设施栽培中经常发生的病害之一，可危害黄瓜、西葫芦、甜（辣）椒等多种蔬菜，造成死秧或烂瓜（果）。

1. 症状识别　在瓜类及甜（辣）椒整个生育期内均可危害，主要侵染茎、叶、果实。苗期染病，茎、叶呈水渍状软腐或萎蔫后干枯死亡。成株染病多从茎基部发生，初为暗绿色水渍状，病部失水缢缩，病部以上叶片萎蔫或全部枯死。同株上往往有几处受害。维管束不变色。叶片染病产生圆形或不规则形暗绿色水渍状大斑，边缘不明显，并迅速扩展。湿度大时病部可见到稀疏白霉，叶片部分或大部分软腐，易脱落，病斑干后变为淡褐色。果实受害后病斑呈暗绿色水渍状软腐，潮湿时病果上密生灰白或灰绿色霉状物。

2. 发生规律　疫病是由鞭毛菌亚门疫霉菌引起的。病菌腐生性较强，主要以菌丝体、卵孢子、厚垣孢子随病残株在土壤中或粪肥中越冬，成为翌年的初侵染源。条件适宜时产生孢子囊，借风、雨水、灌溉水传播蔓延。病菌发育适宜温度为 28～30℃，在 10～37℃范围内均可生长发育。棚室内湿度大、种植过密、连作重茬发病重。

3. 防治方法

（1）培育壮苗　选用无病土育苗或进行苗床消毒。方法是：每平方米苗床用 25%甲霜灵 8 克加 70%代森锰锌 1 克，加水对成药土，1/3 撒于苗床上，播种后将余下的 2/3 药土覆盖于种子上。

（2）加强棚室管理　选择晴天上午浇水，注意通风降湿，避免出现高温、高湿。及时清除病残株，携出棚室外集中烧毁。

（3）栽培防病　注意轮作换茬，防止重茬连作。实行地膜高畦栽培，防止病菌溅到植株上，减少病菌侵染机会。

（4）药剂防治　定植前用 25%甲霜灵可湿性粉剂 700 倍液喷淋地面。发病初期及时喷下列药剂防治：25%甲霜灵可湿性粉剂 750 倍液，90%疫霜灵可湿性粉剂、58%甲霜灵锰锌可湿性粉剂、

64%杀毒矾 M8 可湿性粉剂、50%甲霜铜可湿性粉剂 600 倍液。上述药剂每隔 7～10 天喷 1 次，视病情连喷 2～3 次。病情严重时，5～7 天喷 1 次，连喷 3～4 次。

（四）根结线虫病

近年来，随着多层覆盖等设施栽培的发展，蔬菜根结线虫的发生与危害也越来越严重，个别棚室甚至因该虫的危害而绝收。

1. 形态特征 病原线虫雌雄异形。幼虫呈细长蠕虫状。雄成虫线状，尾端稍圆，无色透明，大小 1～1.5 毫米×0.03～0.04 毫米。雌成虫梨形，每头雌线虫可产卵 300～800 粒，雌虫多埋藏于寄主组织内，大小 0.44～1.59 毫米×0.26～0.81 毫米。

2. 寄主与危害 根结线虫种类较多，寄主范围广泛。目前已知危害蔬菜的线虫常见的主要有花生根结线虫、北方根结线虫及南方根结线虫等，可危害黄瓜、番茄、茄子、莴苣、菜豆、芹菜、大白菜、南瓜、萝卜、胡萝卜等 30 多种蔬菜。此外，还能传播一些真菌和细菌性病害。

根结线虫主要危害各种蔬菜根部，以“鸡爪根”为主要特征，表现为侧根和须根增多，并在幼嫩的须根上形成球形或圆锥形的瘤状物，有的串生呈念珠状。被害株地上部生长缓慢，植株矮小，叶色异常，结果少，产量低，严重的可造成植株死亡。

3. 生活习性 蔬菜根结线虫多分布在 0～20 厘米土壤内，特别是 3～9 厘米土壤中越冬。在冬季日光温室中可继续繁殖危害。通过病土、病苗及灌溉水传播。一般可存活 3 年，在无寄主条件下可存活 1 年。翌春条件适宜时，由埋藏在寄主根内的雌虫产卵，卵产下经几小时形成一龄幼虫，蜕皮后孵出二龄幼虫。离开卵块的二龄幼虫在土壤中移动，寻找根尖，从根冠上方侵入根部，其分泌物刺激导管细胞膨胀，使根形成巨型细胞。在生长季节里，根结线虫的几个世代以对数增殖，发育到四龄时交尾产卵，卵在根结里孵化发育，二龄后离开卵块进入土壤进行再侵染或越冬。在 10℃以下停止活动，55℃经 10 分钟死亡。在土温 25～30℃、土壤含水量 40%～70%的条件下，线虫繁殖很快，易

在土壤中大量积累。一般地势高燥、土质疏松、盐分低和重茬地发病重，棚室重于露地。

4. 防治方法

（1）农业措施

1）选用无虫土壤育苗　施用充分腐熟不带病原的有机肥。移栽定植时，挑选健壮无虫苗，剔除有虫苗，可减轻发病。

2）清除病残体，压低虫口密度。特别是病根，晒干后应集中烧毁，不能沤肥。

3）深翻土壤　将表土翻至25厘米以下的深层，可减轻其危害。

4）种植抗（耐）虫作物　一般葱蒜类、辣椒、甘蓝等蔬菜抗（耐）虫性较强，种植上述作物，可降低线虫危害。

5）高温杀虫　在休闲季节，利用夏季高温，在棚内起垄，沟内灌满水，然后盖地膜，密闭棚室2周，使20厘米土层温度达55℃以上，保持30分钟以上，可杀死部分幼虫。另外，露地可采用冬季深翻冻垡措施杀灭幼虫。

（2）化学防治

1）定植前土壤处理　可选用3%米乐尔颗粒剂、10%克线磷颗粒剂等，均匀撒施后耕翻入土，每亩用药量3～5千克，或在定植行中间或两边开沟，施入上述药剂，每亩用量2～4千克。采用上述药剂穴施时，可先将药剂与适量细土混匀后施用，每亩用药量1～2千克。注意施药后应充分混土，以防止植株根部与药剂接触产生药害。

2）定植后药剂灌根　生长期发病可选用50%辛硫磷乳油1 500倍液、80%敌敌畏乳剂800倍液灌根，每株灌药液200～400毫升，隔10天左右1次，连续2～3次。

（五）连作障碍

同一作物或近缘作物连作以后，即使在正常管理的情况下，也会产生产量降低、品质变劣、生育状况变差的现象，这就是连作障碍。

1. 连作障碍的病因 造成连作障碍的主要原因有3个方面：一是病原菌积累，土壤环境恶化，使土传病害越来越严重；二是某些微量元素的缺乏，使作物抗病能力降低；三是自害物质的增多。据统计，连作造成的减产，其中病害占75%以上，缺素占5%，自害物质占9%。

2. 连作障碍的发生机理

（1）连作对土壤理化性质的影响 多年连作，根系分泌物（尤其胶黏成分）破坏了土壤的团粒结构从而影响了土壤的空隙度、容重、含水量和保水能力。同时，根系分泌物中低分子量的有机酸如甲酸、乙酸等释放的H^+不断积累，使土壤酸性增强，从而导致了根尖阳离子交换量的显著增加。根系分泌的酸性物质和胶黏物质与铁（Fe）、锰（Mn）、铝（Al）等金属离子形成络合物和配位化合物，严重地影响了根系对矿质离子的吸收，对根系活力、根际土壤的酶系活性产生影响，造成根系活力下降、产品产量显著降低。但连作障碍的主要因子并不是土壤肥力。

（2）连作对根系分泌物的影响 根系分泌和枝叶残体分解所产生的毒素是影响作物连作障碍的重要因子。根系分泌物中的毒性化合物主要为酚酸类化合物，如苯丙烯酸、对羟基苯甲酸、苯甲酸等，这些化合物在根际积累过多，对作物产生自毒作用，抑制根系生长和根系对养分的吸收，导致作物产生连作障碍。苯丙烯酸的自毒作用是导致黄瓜连作障碍的重要因子之一。

（3）连作根系的化感作用 连作还对同种类或其他作物产生化感作用。番茄、茄子化感物为鞣酸、水杨酸等7种化学成分，较低浓度的化感物具有显著的杀虫及抗菌活性，但是高于界限浓度时，就会影响根系的微环境，对后茬作物产生障碍。

（4）连作对根际微生物的影响 多年连作，不仅使原有土传的细菌、真菌及病毒等病害以及根结线虫等虫害潜伏越冬得以生存，同时连作产生的根系分泌物和枯根枝叶残体为根际微生物的繁衍提供了氮（N）源和碳（C）源。以病毒病为例，危害番茄的主要病毒种类主要有TMV、ToMV、CMV、番茄环斑病毒，除CMV主

要由 75 种蚜虫传播外，其余病毒都是由土壤传染的或至少土壤是重要的传播途径之一。病毒病与介体土壤作用后，可能会使土壤中的微生物数量减少、活性降低，从而使根际土壤中脲酶、转化酶活性降低，多酚氧化酶活性升高，土壤腐殖化程度下降，吸收能力下降。

（5）连作对光合作用的影响　长期连作不仅造成根系活力、产量显著降低，而且光合速率也降低。如连作 4 年黄瓜的光合叶面积、光合速率显著高于连作 25 年的黄瓜光合速率。主要是其累积的苯丙烯酸之类的酚酸物质对黄瓜生长有明显的抑制作用，表现为黄瓜生长缓慢，叶片发僵，叶色暗绿无光泽，叶面积小，干物质积累降低。

3. 防治技术

（1）选用耐重茬品种　不同作物及同一作物的不同品种对重茬的抗性和耐性差异较大，所以，选育、选择抗（耐）重茬的品种是解决蔬菜作物重茬障碍的一个重要途径。目前，辣椒、西瓜等蔬菜作物的抗重茬品种已经在生产上发挥了很大的作用。

（2）阳光杀菌　利用 8 月份的温室大棚闲置期，浇足水分，用地膜和大棚膜双层覆盖，连续晒 7～10 天，使土壤中的温度达到 50℃左右，能杀死大部分病菌，减轻土传病害的危害。

（3）客土　多层覆盖大棚耕作层换土，虽费时费工，却是行之有效的好方法，少数农户已采用也证实了这一点。此外，多层覆盖大棚在种植前应及时彻底的清除前茬作物的根茬、茎蔓等，以减少遗留的病菌、虫卵等对下茬作物的危害。同时在 7、8 月份气温高时进行深耕土地，深翻出的土块可不必打碎，让它在阳光下暴晒一段时间，称为“晒垡”。通过“晒垡”等暴晒和高温、干燥的环境加快病菌死亡。

（4）嫁接换根　西瓜、黄瓜、茄子都可以用嫁接换根的方法来解决连作障碍。黄瓜老用一种砧木嫁接，连作多年，也会死苗。

（5）生物工程法　应用生物技术防治土传病害，是解决连作障碍最理想的方法之一。目前正在试验推广的生物技术有许多种：一是抗生菌蘸根法；二是生鸡粪加微生物活化剂闷棚法。亩施鸡粪16 000千克，地面喷施土壤活化剂800～1 200毫升，翻耕覆盖，浇水覆膜，利用鸡粪发酵产生的热，温度可达60～78℃，杀死病菌；三是生物肥＋鸡粪或优质有机肥＋美地那土壤活化剂。具体做法如下：定植前10～15天整地，亩施鸡粪（腐熟好的）16 000千克或优质有机农家肥20 000千克，生物肥（侧孢芽孢杆菌微生物肥或酵素菌生物肥100～200千克），氮、磷、钾复合肥若干，微量元素适当，均匀撒在地面；再用土壤活化剂300～600毫升稀释200～300倍地表喷雾，翻耕耙盖，如墒情不足要浇水，10～15天后定植。定植时用抗生菌蘸根，定植后用活化剂稀释液逐棵浇水压苗。每亩用活化剂原液450～800毫升稀释300倍。

(6) 增施有机肥　增施有机肥可有效改善土壤结构，增强保肥、保水、供肥、透气、调温的功能，增加土壤有机质、氮、磷、钾及微量元素含量，提高土壤肥力效能和土壤蓄肥性能，增强土壤对酸碱的缓冲能力，提高难溶性磷酸盐和微量元素的有效性。在土壤营养元素缺乏种类不明确的情况下，大量施用有机肥可以有效地克服连作造成的综合缺素症状。

(7) 灌水淹田　蔬菜采收结束后，需要再种植蔬菜的田块，可利用夏、秋多雨季节进行灌溉，将土块浸泡7～10天，可以有效地降低土壤盐分，杀灭部分蔬菜病菌和害虫。这种方法在蔬菜基地比较适用。

(8) 高温闷棚　在设施栽培的条件下，利用盛夏高温，将设施密闭，其温度可以达到50℃以上，可以有效地杀灭部分土传病害和虫卵。这种方法简便易行，很适宜当前农民采用。

(9) 热水消毒　此技术是日本农业科技人员开发出来的。其具体做法是，用85℃以上的热水浇淋在土上，杀灭土壤中的病原菌和害虫及虫卵，这种方法简单有效，而且不改变土壤的理化性质，无任何污染。在我国，鉴于农户的承受能力和可操作性，热水消毒的办法仅限于在苗床地使用。

(10) 合理轮作　一是水旱轮作。水旱轮作既可防治土壤病害、

草害，又可防止土壤酸化、盐化。从我国的实践来看，水旱轮作是克服连作障碍的最佳方式。二是旱地轮作。旱地轮作可以防治或减轻作物的病虫危害。因为危害某种蔬菜的病菌，未必危害其他蔬菜。旱地轮作中，粮菜轮作效果最好。其次是亲缘关系越远的，轮作效果越好。如茄果类、瓜类、豆类、葱蒜类等轮流种植，可使病菌失去寄主或改变生活环境，达到减轻或消灭病虫害的目的，同时可改善土壤结构，充分利用土壤肥力和养分。

第七章　设施园艺新技术

一、节水灌溉技术

（一）滴灌

滴灌是滴水灌溉的简称，它是将具有一定压力的水，过滤后经管网和出水管道（滴灌带）滴头，以水滴的形式缓慢而均匀地滴入植物根部附近土壤的一种灌水方法。

优点：节水、节能、省力；土壤不易板结；施肥、浇水等一次完成；滴灌湿润部分土体，利于作物行间干燥；提高作物产量和品质；对土壤和地形的适应性强，特别适合于立体栽培的灌水追肥。

缺点：由于易引起堵塞，可能引起盐分积累和限制根系的发展。

滴灌主要适用于蔬菜、果树、花卉等经济作物温室、大棚的灌溉；水源极缺的地区、地形起伏较大地区的灌溉。对透水性强、保水性差的沙质土壤和咸水地区也有一定前景。

1. 滴灌系统的组成及设备

（1）*滴灌系统的组成*　典型的滴灌系统由水源、首部枢纽、输水和配水管网及滴头四大部分组成（图 4）。

1）水源　自来水、地下水，江、河、淡水湖泊、塘、沟渠水或泉水等均可作为滴灌的水源，但水质应符合农田灌溉水的要求。

2）首部枢纽　包括水泵、肥料罐、过滤器、控制机、测量设备等。其作用是从水源抽水加压，经过滤后按时按量输送至管网。采用高位水池供水的小型灌溉系统，可将可溶性肥料直接融入池

中，如果采用有压水作水源，可省去抽水的水泵和加压动力。

3）输水和配水管网　包括干管、支管、毛管、管路连接管件和控制设备。其作用是将压力水或化肥溶液输送并均匀地分配到滴头。

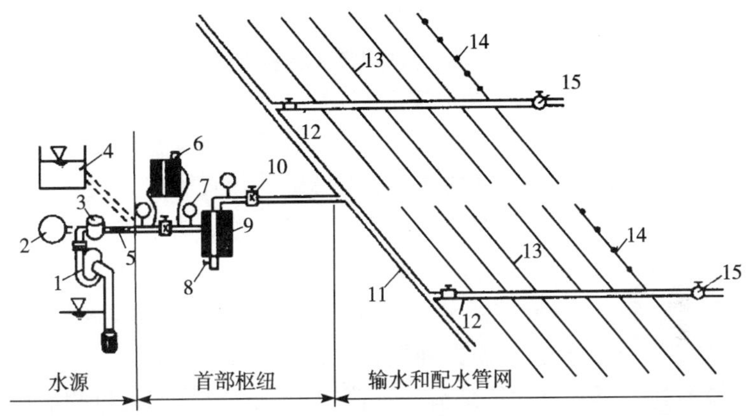

图4　滴灌系统示意图

1. 水泵　2. 供水管　3. 水表　4. 蓄水池　5. 逆止阀
6. 施肥罐　7. 压力表　8. 排污阀　9. 过滤器　10. 阀门
11. 干管　12. 支管　13. 毛管　14. 灌水器　15. 冲洗阀

4）滴头　其作用是使毛管中压力水流经过细小流道或孔眼，是能量损失而减压成水滴或微细流，均匀地分配于作物根区土壤，是滴灌系统的关键部分。

（2）滴灌系统的主要设备

1）滴头　滴头为滴灌系统的心脏。一般要求滴头量低，流速均匀而稳定，不因微小的水头压力差而明显地变化；结构简单，不易堵塞，便于装卸；造价低，坚固耐用。滴头的种类很多，其分类方法也不同。

①按滴头与毛管的连接方式分为管间式滴头和管上式滴头（图5）。

管间式滴头：把灌水器安装在两段毛管中间，使滴水器本身为

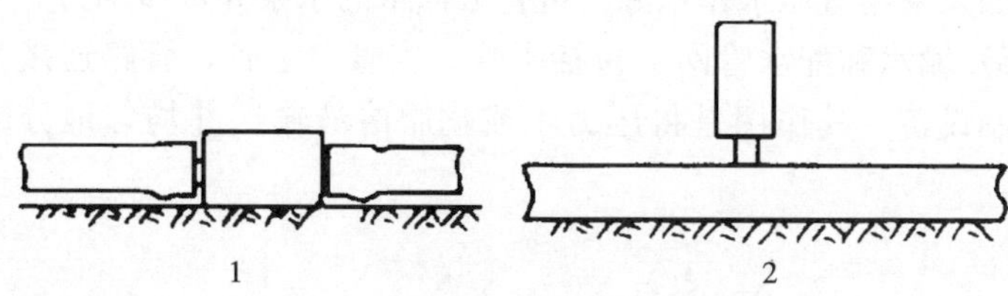

图5　滴水器与毛管的连接方式

1. 管间式滴头　2. 管上式滴头

毛管的一部分。绝大部分水流通过滴头体腔流向下一段毛管，而很少一部分水流通过滴头体内的侧孔进入滴头流道流出。

管上式滴头：灌水器安装在毛管上的一种滴头形式。施工时在毛管上直接打孔，然后将滴头插在毛管上。

②按滴头的消能方式分为长流道式消能滴头、孔口消能式滴头、涡流消能式滴头、压力补偿式滴头、自冲洗滴头。

2）过滤器　过滤器是清除水流中各种有机物和无机物，保证滴灌系统正常工作的关键净化设备。过滤器是在较清洁的水源条件下直接使用的，如果水源有较多的悬浮物和泥沙，还需要拦污栅（筛、网）、沉淀池等设备先进行初步净化，然后再使用过滤器。过滤器类型较多，应根据水质情况正确选用。

①筛网过滤器。结构简单，一般由承压外壳和缠有滤网的内心构成。滤网孔径一般70～200目。筛网过滤器能很好地清除滴灌水源中的极细沙粒。灌区水源较清时使用很有效，但当藻类或有机污物较多时易被堵死，需要经常清洗（人工清洗或反冲清洗）。因此，在利用露天水源滴灌时，应在泵底外装过滤网作为初级过滤器使用，以防止杂草、藻类堵塞过滤器。

②沙砾石过滤器。由细砾石和经过分选的各级沙料分层铺设于过滤罐体中构成，是一种介质过滤器，它具有较强的截获污物的能力。当筛网过滤器需要频繁清洗或拟清除的颗粒小于200目时，建议使用沙砾石过滤器。其构造主要由进水口、出水口、过滤罐体、排污孔等部分组成。

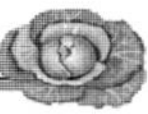

③离心式过滤器。通过水流在过滤罐内旋转运动时产生的离心力，把水中比重较大的泥沙颗粒抛出，以达过滤水流的目的（也叫涡流沙粒分离器）。这种过滤器可以除去200目筛网所能拦截沙粒的98%，是一种拦截水源中大量细沙的有效装置。离心式过滤器的主要优点是能连续过滤高含沙量的灌溉水，但不能消除密度小于1克/厘米^{3}的有机物，故它只能作为初级过滤用。直接采用井水滴灌时，离心过滤器可作为主过滤器使用。

④泡沫过滤器。采用塑料管和泡沫聚氨甲酸酯为过滤料。这种过滤器造价低，宜在水很干净时采用，或作为最终过滤器用。

3）施肥装置　随水施肥是滴灌系统的重要功能。当直接从专用蓄水池中取水时，可将化肥溶于蓄水池再通过水泵随灌溉水一起送入管道系统。

当直接从自来水、蓄水池或水井取水时，则需加设施肥装置。通过施肥装置将化肥溶解后注入管道系统随水滴入土壤中。向管道系统注入化肥的设备主要有下面几种：

①开放式肥料罐自压施肥装置。在自压滴灌系统中，使用开放肥料箱（或修建肥料池）非常方便。需将肥料箱放置于自压水源（如蓄水池）的正常水位下部适当的位置上，将肥料箱供水管（及阀门）与水源连接，输液管及阀门与滴灌主管道连接，打开肥料箱供水阀，水进入肥料箱可将化肥溶解成肥液。关闭供水管阀门，打开肥料箱输液阀，化肥箱中的肥液自动随水流输送到灌溉管网及各个灌水器，对作物施肥。

②压差式施肥罐。由储液罐、进水管、出水管、调压阀等组成（图6）。

压差式施肥罐施肥的工作原理与操作过程：待滴灌系统正常运行后，首先把可溶性肥料或肥料溶液装入储液灌内，关紧罐盖，接着依次打开供肥管阀门、进水管阀门，然后关小输水管道上的施肥调压阀门，使调压阀后输水管道内的压力变小。由于调压阀前管道压力大于调压阀后管道压力，从而形成一定压差（根据施肥量要求调整调压阀），使罐中肥料通过输肥管进入调压阀后输水管道中，

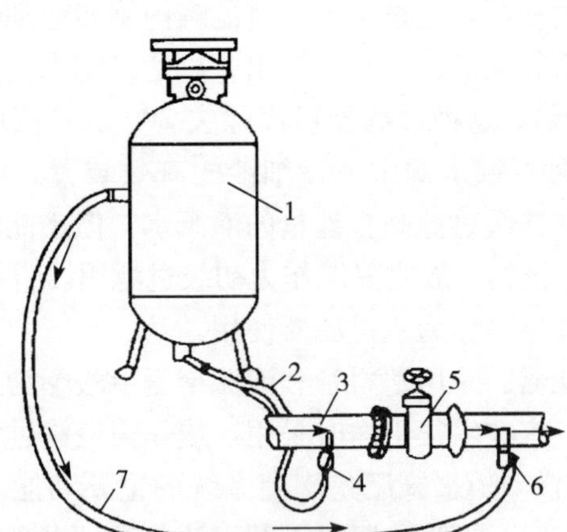

图 6　压差式施肥罐

1. 储液罐　2. 进水管　3. 输水管　4. 阀门
5. 调压阀　6. 供肥阀门　7. 供肥管

又造成储液罐压力降低，因而调压阀前管道中的灌溉水由供水管进入储液罐内，罐中肥料溶液则又通过输液管进入滴灌管网及所控制的每个灌水器。如此循环运行，储液罐内肥料液浓度降至接近零时，即需重新添加肥料或溶液，继续施肥。储液罐应选用耐腐蚀、抗压能力强的塑料或金属材料制造。对封闭式储液罐还要求具有良好的密封性能，罐内容积应根据滴灌系统控制面积大小及单位面积施肥量、溶液浓度等因素确定。

压差式施肥罐的优点是：加工制造简单，造价较低，不需外加动力设备。缺点是：溶液浓度变化大，无法控制；罐体容积有限，添加化肥次数频繁且较麻烦；输水管道因设有调压阀调压而造成一定的水头损失。

③注射泵。通常使用活塞或隔膜泵向滴灌系统注入肥料或农药。优点是肥液浓度稳定，施肥质量好，效率高。缺点是所需注射泵的造价高。根据驱动水泵的动力来源又可分为水驱动和机械驱动两种形式，图 7 为活塞施肥泵，图 8 为水动施肥泵。

④文丘里注入器。文丘里注入装置可与开放式肥料箱配套组成

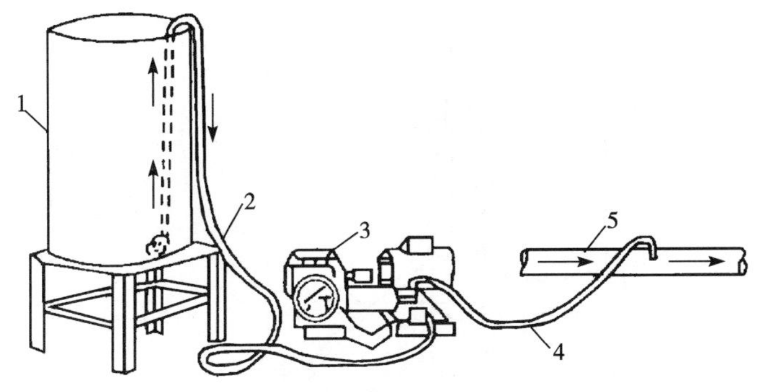

图 7　活塞施肥泵

1. 化肥罐　2. 输液管　3. 活塞泵　4. 输肥管　5. 输水管

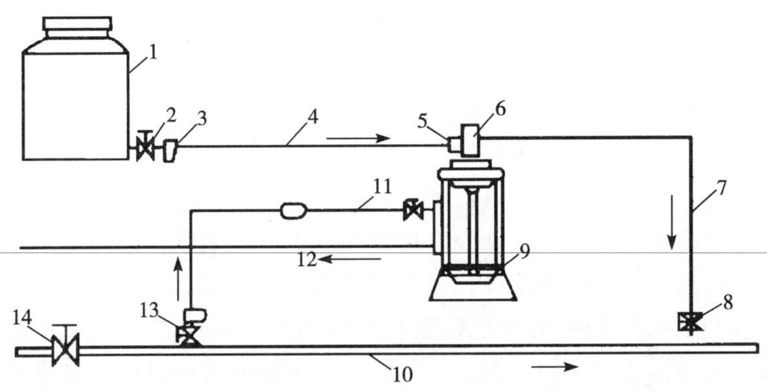

图 8　水动施肥泵

1. 肥料罐　2. 阀门　3. 过滤器　4. 吸肥管　5. 吸肥阀　6. 送肥阀　7. 送肥管　8. 阀门　9. 隔膜泵　10. 供水管　11. 进水管　12. 排水管　13. 阀门　14. 主阀门

施肥装置。其结构简单，造价低廉，使用方便，非常适用于小型滴灌系统。但如果将文丘里注入器直接装在主管路上注入肥料，则造成水头损失较大，因此，一般应采取并联方式与主管路连接（图 9）。

为了确保滴灌系统施肥时运行正常并防止水源污染，使用施肥

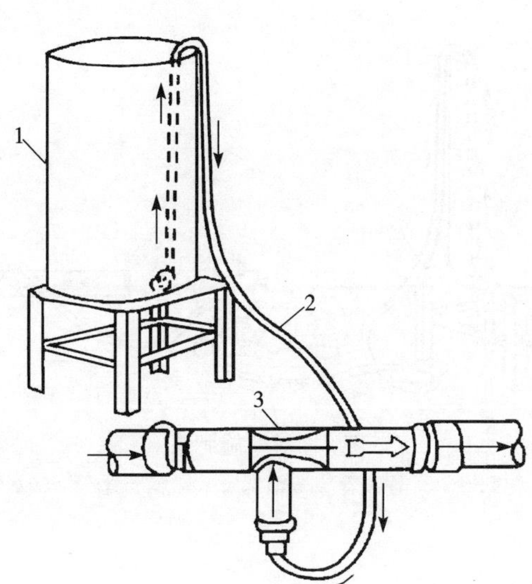

图 9　文丘里注入器

1. 开放式化肥罐　2. 输液管　3. 文丘里注入器

装置时必须注意以下 3 点：第一，化肥或农药的注入一定要放在水源与过滤器之间，使肥液先经过过滤器再进入灌溉管道，使未溶解化肥和其他杂质被清除掉，以免堵塞管道及灌水器。第二，施肥和施农药后必须利用清水把残留在系统内的肥液或农药全部冲洗干净，防止设备被腐蚀。第三，化肥或农药输液管出口处与水源之间必须安装逆止阀，防止肥液或农药流进水源，严禁直接把化肥和农药加进水源造成环境污染。

4）管道与连接件　管道与连接件用于组成输水、配水的管网系统。塑料管是滴灌系统的主要用管，有聚乙烯管、聚氯乙烯管和聚丙烯管等种类。应尽量避免使用易于产生化学反应或锈蚀的管道，如钢管、铸铁管等。主要的连接件有接头、三通、弯头、螺纹接头、旁通及堵头等。

5）控制、保护、测量与计量装置　这些装置为滴灌系统的正常运行所必需。控制装置指的是各类阀门，如控制阀、安全阀、进

排气阀、冲洗阀等。保护装置有流量调节器、压力调节器和水阻管等。测量与计量装置指的是压力表和水表。

2. 滴灌水处理 滴灌对水质有很高要求，一般天然水源必须进行有针对性的水质处理。引起滴灌系统堵塞的原因包括多个方面，如水中存在大颗粒固体杂质、细菌的生长、藻类的繁殖及铁、硫的沉淀和钙盐沉淀等。水处理的方法主要有：

（1）物理处理 从水中除去粒径大于系统中最小孔径 1/10～1/7 的所有有机和无机杂质的方法。

1）澄清 澄清的作用是从水中除去较大的无机悬浮颗粒。常用于较急的地面水源，如河流和沟渠。澄清也是水质初步处理经济而有效的方法，可大大减少水中杂质的含量。澄清池加上掺气是除去灌溉水中铁质和其他可溶固体物质的最好办法。

2）过滤 当水流通过一种多孔或具有孔隙结构的介质（如沙）时，水中的悬浮或胶质物质被孔口拦截或截留在孔口、孔隙中或介质的表面上，此种将杂质从母液中分离出来的方法称为过滤。过滤是滴灌系统中应用最广泛、最经济而有效的处理方法之一。

（2）化学处理 水的化学处理目的是向水中加入一种或数种化学物品，以控制生物生长和化学反应。化学处理可单独进行，也可以与物理处理方法同时进行。滴灌系统中最常使用的化学处理方法是氯化处理和加酸处理。

1）氯化处理 将氯加入水源的处理方法。对于微生物生长引起的滴头和孔口堵塞问题，氯化处理是经济有效的解决方法。滴灌系统最常用的水处理氯化物有次氯酸钙、次氯酸钠和氯气。

对于滴灌系统的最远处滴头而言，氯处理浓度标准如下：

防止细菌和藻类生长的连续处理为 1～2 毫克/升；对于已在滴灌系统中生长的藻类和细菌间歇处理为 10～20 毫克/升，维持30～40 分钟。

大多数情况下，为了控制微生物黏附生长，需要用间歇处理方法。时间间隔取决于水源污染程度，开始时间短一些，然后逐渐拉开。在有机物已经影响了滴头流量的情况下，应进行超量氯处理，浓度为500毫克/升，并关闭整个系统，维持24小时后冲洗所有支管和毛管。为了控制铁细菌，氯浓度应比铁含量高1毫克/升。控制铁沉淀的氯用量为Fe^{2+}含量的0.64倍，控制锰沉淀的氯用量为Mn^{2+}含量的1.3倍。

2）酸处理　通过降低pH的方法解决水质问题。通常用于防止可溶物的沉淀（如碳酸盐和铁）。酸也可以防止滴灌系统中微生物的生长。

酸处理通常是间歇进行。一般酸不影响大多数多年生植物的生长，对酸的管理和使用应注意：应将酸加入水中，而不要将水加入酸中。由于一般金属部件不耐酸，应当选用耐酸的注入泵。

常用的酸有盐酸和硫酸。如果使用不当，所有酸都是有害的。为了确定加酸量，可以取一个100升的圆桶灌满灌溉用水，缓慢加入所使用的酸，加入量略小于估计值，边加入边搅拌，待溶解均匀后用pH试纸测量其pH，并根据测量结果重复这一过程直到获得预期的pH，当获得100升水所需的酸量后，假如已知进入滴灌系统的水量，可计算出加酸量。加酸30～40分钟后停止，并关闭滴灌系统24小时，然后冲洗所有支管和毛管。

3. 滴灌系统的运行管理

（1）滴灌水管理　这是滴灌系统运行管理的中心内容。以土壤水分的消长作为控制指标进行滴灌，使土壤水分处于适宜范围。测定土壤水分的方法很多，但以“张力计”法较为普遍。

张力计法的测量范围一般为$0\sim1\times10^5$帕。旱地土壤有效水的范围是从田间持水量到萎蔫系数之间的含水量，水分所受到的吸力为$0.3\times10^5\sim15\times10^5$帕，对于绝大多数作物而言，水分受到吸力为$0.3\times10^5\sim1\times10^5$帕之间，即当张力计的读数为$1\times10^5$帕时开始灌水，灌到$0.3\times10^5$帕时停止。当然合理滴灌的指标还应根据作物及不同生育阶段对土壤水分的要求，以及气候、土壤条件适当调整。

（2）滴灌系统的日常管理　根据作物的需要，开启和关闭张力计读数滴灌系统；必要时，由滴灌系统施加可溶性化肥、农药；预

防滴头堵塞，对过滤器进行冲洗，对管路进行冲洗；规范运行操作，防止水锈发生。

（3）*滴灌施肥*　滴灌施肥是供给作物营养物质最简便的方法，做法是：将称好的可溶性肥料先装入容器内加水溶解，然后将肥料溶液倒入水池（箱），经过一定时间，肥料液扩散均匀后，再开启滴灌系统随水施肥。为保证施肥均匀，应采用低浓度、少施勤施的方法，水池（箱）中最大浓度不宜超过500毫克/升。

（4）*堵塞处理方法*

1）酸液冲洗法　对于碳酸钙沉淀，可用0.5%～2%盐酸溶液，用1米水头压力输入滴灌系统，溶液滞留5～15分钟。当被钙质黏土堵塞时，可用砂酸冲洗液冲洗。

2）压力疏通法　用5.05×10^5～10.1×10^5帕的压缩空气或压力水冲洗滴灌系统，对疏通有机物堵塞效果好。对碳酸盐堵塞无效。

（二）微喷灌及雾喷灌

微喷灌是通过低压管道系统，以小流量将水喷洒到土壤表面进行灌溉的方法。它是在滴灌和喷灌的基础上逐步形成的一种新的灌水技术。微喷灌时，水流以较大的速度由微喷头的喷嘴喷出，在空气阻力的作用下形成细小的水滴落到土壤表面或作物叶面。由于微喷头出流孔口直径和出流流速（或工作压力）都比滴灌滴头大，大大减少了灌水器的堵塞。微喷灌还可将可溶性肥料随水喷洒到作物叶面或根系周围的土壤表面，提高施肥效率，节省肥料用量。

雾喷灌（又称弥雾灌溉）与微喷灌相似，也是用微喷头喷水，只是工作压力较高（可达200～400千帕）。因此，从微喷头喷出的水滴极细形成水雾。微喷灌和雾喷灌具有较好的喷洒降温效果，可以增加作物湿度，调节土壤温度，且对作物打击强度小，具有显著增产作用。

1. 微喷灌系统的类型和组成

（1）*微喷灌系统的类型*　根据微喷灌系统的可移动性，可将微喷灌系统分为固定式和移动式两种。固定式微喷灌系统的水源、水泵及动力机械、各级管道等均固定不动，管道埋入地下。其特点是操作管理方便，设备使用年限长。移动式微喷灌系统是指轻型机组配套的小型微喷灌系统，它的机组、管道均可移动，具有体积小、重量轻、使用灵活、设备利用率高、投资省、便于综合利用等优点。但使用寿命较短，设备运行费用高。

（2）微喷灌系统的组成　微喷灌系统由水源、管网系统和微喷头等部分组成（图 10）。各部分功能与滴灌基本相同。

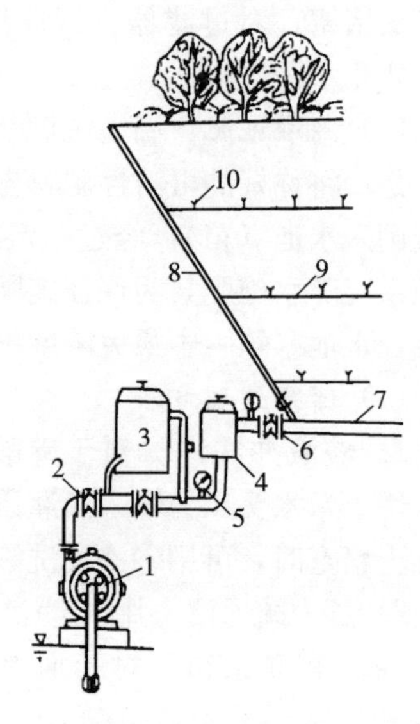

图 10　微喷灌系统示意图

1. 水泵　2. 闸阀　3. 化肥罐　4. 过滤器　5. 压力表　6. 水表　7. 干管　8. 支管　9. 毛管　10. 喷头

（3）微喷灌设备

1）微喷头　常用微喷头有折射式（图 11）、射流式、离心式和缝隙式 4 种。射流式有运动部件，又称旋转式喷头，后 3 种又称固定式微喷头。

2）过滤器具　微喷灌系统与滴灌系统比较，虽然不易发生堵塞，但仍然存在问题，应引起高度重视。堵塞降低系统的效率及灌水的均匀性，甚至造成漏喷。防止堵塞的方法主要是对水源进行过滤。微喷灌系统对水质净化处理的要求比滴灌系统低，所用过滤器的微粒和滤网的目数应根据水质状况选择。一般过滤器的目直径比滴灌系统的大。

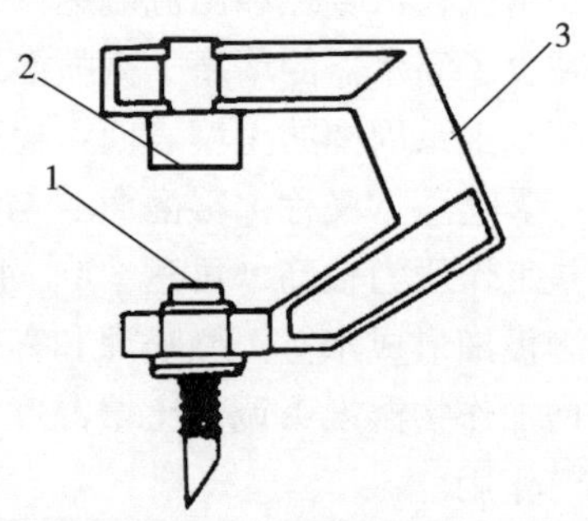

图 11　折射式微喷头

1. 喷嘴　2. 折射锥　3. 支架

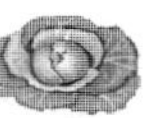

3）管道　微喷灌采用的管道多为塑料管，其材料有高压聚乙烯、聚乙烯、聚丙烯、聚氯乙烯等，其中高压聚乙烯和聚氯乙烯用得较多，这两种质材的管道具有较高的承压能力。聚氯乙烯多用作微喷灌系统的干管和支管，高压聚乙烯主要用于小直径管道，如毛管、支管、连接管等，这些管道要求具有一定柔性。

4）管件　将管道连接成管网的部件。管道的种类与规格不同，所用的管件不尽相同。如干管与支管的连接需要等径或异径三通，还要设置阀门，以控制进入支管的流量；支管与毛管的连接需要异径三通、等径三通、异径接头等管件；毛管与微喷头的连接需要旁通、变径管接头、弯头、堵头等管件。管件的材料多为塑料，也可以采用金属件。

5）施肥装置　目前应用较多的施肥罐是旁通式，也有文丘里泵、注射泵等。

旁通施肥罐由节制阀、进口阀、水表、肥料注入口、施肥罐、出口阀、压力表等组成（图 12）。它由两根小管与主管道连接，在主管道上 2 个连接点之间设置 1 个节制阀，可靠阻力作用产生 1 个小压差水头（1～2 米），足以使一部分水流流经施肥罐。进水管直达罐底，从而掺混溶液并由另一根管排进主管道，罐内的溶液逐渐稀释。这种施肥装置特点：结构、组装和操作简单，价格较低；不需外界动力，对系统流量和压力变化不敏感等。施肥罐的容积一般为 60～220 升。在肥液被排入系统输送管末端应安装一个抗腐蚀的过滤器，滤网规格以 48 目为宜。

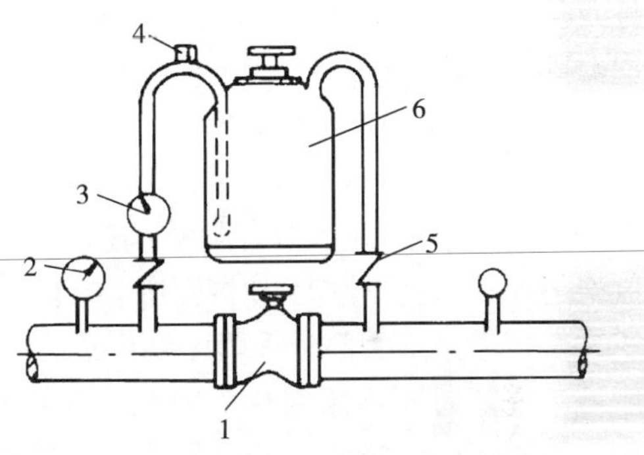

图 12　旁通施肥罐示意图
1. 节制阀　2. 压力表　3. 水表
4. 空气阀　5. 控制阀　6. 化肥罐

6）水泵　水泵是微喷灌系统的心脏，它从水源抽水并将无压水变成满足微喷灌要求的有压水。水泵的性能直接影响微喷灌系统的正常运行及费用，应根据微喷灌系统的需要选用相应性能的高效率水泵。

2. 微喷灌的管理

（1）用水管理　微喷灌的用水管理主要是执行既定的灌溉制度。

$$\text{每亩用水定额（米}^3\text{）}=\text{土壤容重（吨/米}^3\text{）}\times A\times\text{计划湿润深度（米）}$$

式中，A 为土壤适宜含水量的上下限。

计划湿润深度：苗期 0.3～0.4 米，随作物生长逐渐加深，最深不超过 0.8～1.0 米。

具体灌水时间和灌水量应根据作物及其不同生育时期的需水特性及环境条件，尤其是土壤含水量确定，也可采用张力计控制微喷灌时间和灌水量。

（2）施肥管理　在微喷灌过程中施肥具有方便、均匀的特点，容易与作物各生育阶段对养分的需求相协调；易于调整对作物所需养分的供应；有效利用和节省肥料，施用液体肥料更方便，且能有效控制施肥量。但有的化肥会腐蚀管道中的易腐蚀部件，施肥时应注意。

微喷灌系统大部分采用压差化肥罐，用这种方法施肥的缺点是肥液浓度随时间不断变化。因此，以轮灌方式逐个向各轮灌区施肥，应控制好施肥量，正确掌握灌区内的施肥浓度。另外，喷洒施肥结束后，应立即喷清水冲洗管道、微喷头及作物叶面，以防产生化学沉淀，造成系统堵塞及作物叶片被烧伤。

微喷灌施肥的具体施肥量、肥液浓度的确定与滴灌的施肥管理要求相似。

（三）膜下灌溉

膜下灌溉是一种在膜下面滴灌进行浇灌的技术。滴灌一般采用的是软管滴灌设备，其中最主要的是软滴灌带。软滴灌带为无毒聚乙烯薄膜管，直径一般为 20～40 毫米，滴头与毛管制成一体，兼

具配水和滴水功能，按结构分为：内镶滴灌带和薄壁滴灌带。它具有设备简单、安装使用方便、省水省工、灌水后土壤不易板结、不明显增加空气湿度等优点。结合地膜覆盖进行膜下滴灌，则降低空气湿度的效果更加明显，能大大降低设施内病虫害的发生。

膜下灌溉方法是：首先根据栽培作物的种类确定好畦的宽度，然后在畦面铺设软滴灌带，铺设时将小孔朝上顺着畦长方向把管放好，管长与畦同长。为了保证供水均匀，一般要求管长不超过 60 米。在畦面上铺设滴灌带（图 13）的根数应与栽培方式配套，如高畦双行栽培黄瓜时通常铺两行（图 14）。

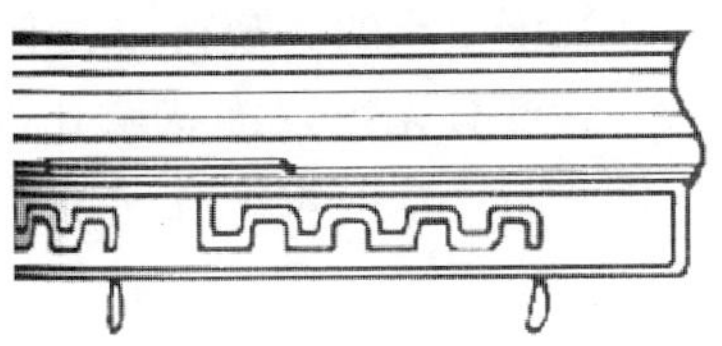

图 13　江壁滴灌带示意图

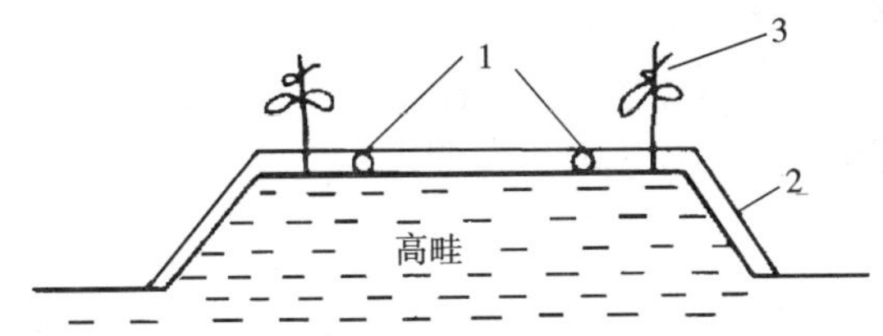

图 14　膜下灌溉

1. 软滴灌带　2. 地膜　3. 作物

（四）渗灌

渗灌是利用埋于地表下开有小孔的多孔管或微孔管道，使灌溉均匀而缓慢地渗入作物根区地下土壤，借助土壤毛管力作用湿润土壤的一种方法，主要用于要求空气湿度较低的作物栽培中应用。渗灌的特点：节水、节能、便于中耕；不破坏土壤结构；降低保护地环境湿度，有利于防止杂草丛生和病虫害发生。渗灌对于一些对水分有特殊要求的园艺作物尤为适宜，如草莓，其茎叶适合生长在湿润土壤中，而浆果不能接触水分，采用渗灌可以解决这一问题。

1. 渗水管　仅以地下微孔渗灌技术为例简单介绍。

①意大利生产的直径为 10～20 毫米的塑料渗水管，管壁上

开有5～10毫米的纵缝，每条管道长为100米，埋于地下使用。使用时管道两端均与供水管连接，管内水流流速很低，流态为层流，供水时，管壁因受力膨胀使纵缝张开向外渗水，停水时纵缝闭合。

②法国生产的由塑料加发泡剂和成型剂混合挤压成型的塑料渗水管，管壁有无数发泡状微孔，可以埋入地下，也可铺设地表使用。供水时，水沿发泡孔状的管壁渗出或沿管壁均匀地喷出极细水流。

③美国生产的由废旧橡胶、塑料树脂和一些特殊的添加剂，经过特殊加工工艺制成的橡胶渗水管，其管壁上布满了许多肉眼看不见的、细小弯曲的透水微孔。

2. 渗水管埋设方式及深度的确定 一种是开沟后将渗灌管埋入沟内，然后回填；另一种是在地表铺设渗灌管，然后用土堆出的埂或高畦将管埋上（图15）。后者更适合多雨地区。渗灌管的埋设深度取决于作物种类，一般可参照表2。

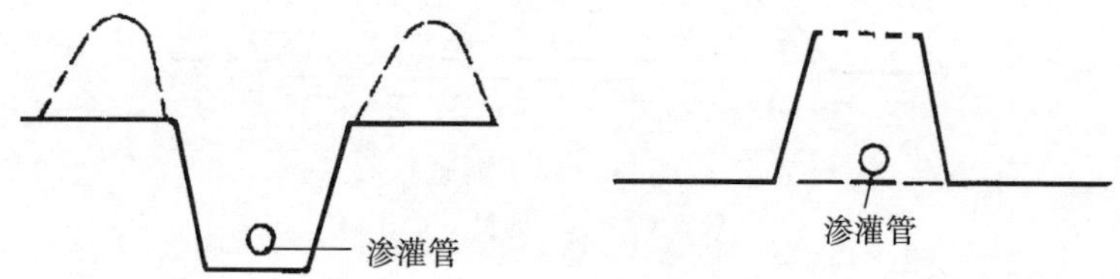

图15 渗灌管埋设示意图

表2 渗灌管的埋设深度参考值

作物	草莓、西瓜、菠菜、韭菜、生菜、姜、葱等	黄瓜、茄子、番茄、青椒等	菊花、玫瑰、香石竹、草坪	果树
埋深（厘米）	5～30	20～40	10～30	20～60

3. 渗水管间距的确定 渗灌灌水是在小流量、长时间下进行的，除渗水管本身的流量指标外，土壤的毛细管力对渗水管渗水量有直接影响，土质不同，渗水管的埋设间距也有所区别（图16）。

较大面积均应按实测资料进行设计，在没有实测资料的情况下，可按表3的数值确定间距。主管及支管的管径在满足系统流量要求的条件下，尽量使管径最小，降低工程造价。

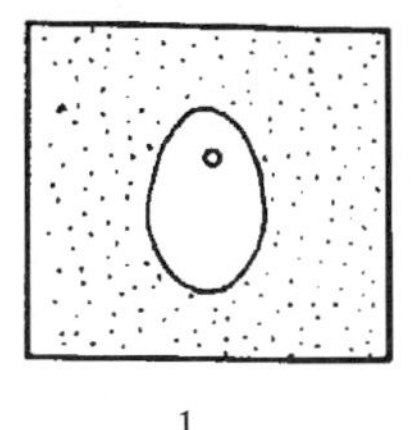

1

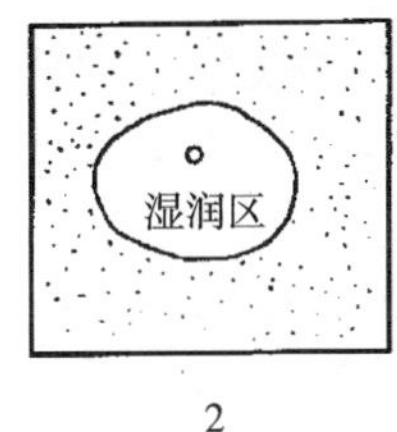

2

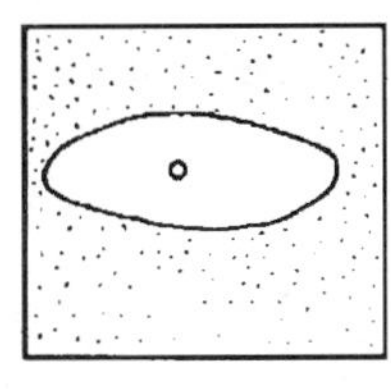

3

图16　不同土壤渗灌湿润区域示意图

1. 沙土　2. 沙壤土　3. 黏土

表3　渗水管间距参考值

土壤质地	沙土		沙壤土		黏土	
入渗形式	图11-1		图11-2		图11-3	
畦宽（厘米）	0～50	50～100	0～90	90～180	0～120	120～240
每畦灌管根数	1	2	1	2	1	2

二、施肥技术

（一）配方施肥

配方施肥也叫测土配方施肥，是综合运用现代农业科技成果，根据作物需肥规律、土壤供肥性能与肥料效应，在以有机肥为基础的条件下，计算出氮、磷、钾和微量元素适当用量、比例，并提供相应的施肥技术。测土配方施肥包括3个过程：一是对土壤中的有效养分进行测试，了解土壤养分含量的状况，这就是测土；二是根据种植作物预计产量，即目标产量，根据该作物的需肥规律及土壤养分状况，计算出需要的各种肥料及用量，这就是配方；三是对所需的各种肥料进行合理安排，作基肥、种肥和追肥施用及确定施用比例和施用技术，这就是施肥。下面介绍目前国内外确定施肥量的最常用的方法——目标产量法。

1. 计算公式　该法是以实现作物目标产量所需养分量与土壤供应养分量的差额作为确定施肥量的依据，以达到养分收支平衡。因此，目标产量法又称养分平衡法。计算公式为：

$$F=\frac{Y\times C-S}{N\times E}$$

式中，F 为施肥量（千克/公顷）；Y 为目标产量（千克/公顷）；C 为单位产量的养分吸收量（千克）；S 为土壤养分供应量（千克/公顷），S＝土壤养分测定值×2.25（换算系数）×土壤养分利用系数；N 为所施肥料中的养分含量（%）；E 为肥料当季利用率（%）。

2. 参数确定　实践证明，参数确定的是否合理是该法应用成败的关键。

（1）目标产量　以当地前3年的平均产量为基础，再加10%～15%的增产量为目标产量。

（2）单位产量养分吸收量　它是指作物形成每一单位经济产量从土壤中吸收的养分量（表4）。

表4　不同蔬菜形成1 000千克经济产物所需养分数量

作物种类	收获量	养分需要量		
		氮（N）	磷（P_2O_5）	钾（K_2O）
大白菜	叶球	1.8～2.2	0.4～0.9	2.8～3.7
小白菜	全株	2.8	0.3	2.1
结球甘蓝	叶球	3.1～4.8	0.5～1.2	3.5～5.4
花椰菜	花球	10.8～13.4	2.1～3.9	9.2～12.0
菠菜	全株	2.1～3.5	0.6～1.8	3.0～5.3
芹菜	全株	1.8～2.6	0.9～1.4	3.7～4.0
茴香	全株	3.8	1.1	2.3
莴苣	全株	2.1	0.7	3.2

（续）

作物种类	收获量	养分需要量		
		氮（N）	磷（P_2O_5）	钾（K_2O）
番茄	果实	2.8～4.5	0.5～1.0	3.9～5.0
茄子	果实	3.0～4.3	0.7～1.0	3.1～6.6
甜椒	果实	3.5～5.4	0.8～1.3	5.5～7.2
黄瓜	果实	2.7～4.1	0.8～1.1	3.5～5.5
冬瓜	果实	1.3～2.8	0.5～1.2	1.5～3.0
南瓜	果实	3.7～4.8	1.6～2.2	5.8～7.3
菜豆	豆荚	3.4～8.1	1.0～2.3	6.0～6.8
豇豆	豆荚	4.1～5.0	2.5～2.7	3.8～6.9
胡萝卜	肉质根	2.4～4.3	0.7～1.7	5.7～11.7
大蒜	鳞茎	4.5～5.1	1.1～1.3	1.8～4.7
韭菜	全株	3.7～6.0	0.8～2.4	3.1～7.8
大葱	全株	1.8～3.0	0.6～1.2	1.1～4.0
洋葱	鳞茎	2.0～3.7	0.5～1.2	2.3～4.1
生姜	块茎	4.5～5.5	0.9～1.3	5.0～6.2
马铃薯	块茎	5.0	2.0	10.6

（3）土壤养分测定值　以菜园土为例，土壤有效养分的测定方法及其丰缺分级参考指标见表5。

表5　菜园土壤有效养分丰缺状况的分组指标

水解氮（N）		有效磷（P）		速效钾（K）	
毫克/千克	丰缺状况	毫克/千克	丰缺状况	毫克/千克	丰缺状况
<100	严重缺乏	<30	严重缺乏	<80	严重缺乏
100～200	缺乏	30～66	缺乏	80～160	缺乏
200～300	适宜	60～90	适宜	160～240	适宜
>300	偏高	>90	偏高	>240	偏高

（续）

交换性钙		交换性镁		有效硫		氯	
毫克/千克	丰缺状况	毫克/千克	丰缺状况	毫克/千克	丰缺状况	毫克/千克	作物反应
<400	严重缺乏	<60	严重缺乏	<40	严重缺乏	<100	一般无抑制作用
400～800	缺乏	60～120	缺乏	40～80	缺乏	100～200	有抑制作用
800～1 200	适宜	120～180	适宜	80～120	适宜	>200	呈现过量症状
>1200	偏高	>180	可能偏高	>120	偏高		

（4）2.25 是将土壤养分测定单位毫克/千克换算成千克/公顷的换算系数　因为每公顷 0～20 厘米耕层土壤重量约为 225 万千克，因此 2.25 是将土壤养分测定值的单位毫克/千克换算千克/公顷计算出来的系数。

（5）土壤养分利用系数　也叫土壤养分校正系数，为了使土壤测定值更具有实用价值，应乘以土壤养分利用系数进行调整，才能使土壤养分供应量的值更加准确。

（6）肥料中养分含量　一般氮肥和钾肥成分稳定，不必另行测定。而磷肥，尤其是小型磷肥厂生产的磷肥成分变化较大，必须进行测定，以免计算出的磷肥用量不准确。

（7）肥料当季利用率　肥料利用率一般变化幅度较大，主要受作物种类、土壤肥力水平、施肥量、养分配比、气候条件以及栽培管理水平等影响。目前化学肥料的平均利用率氮肥按 35%计算，磷肥按 10%～25%计算，钾肥按 40%～50%计算。

3. 保护地设施内施肥注意事项　保护地设施是一个相对封闭的环境，过量施肥容易引起土壤中盐类的积聚产生土壤盐渍化和有害气体。因此，在肥料施用中应注意以下几点：

（1）以施用有机肥为基础，合理搭配　良好的施肥方式应该达到的目标是：不断提高土壤肥力；改善土壤理化性质；满足作物对各种养分的需求；降低成本，产量高，品质好，经济效益最大。要

想达到上述的目标，必须按照以施用有机肥为主、化肥为辅的原则，确定适宜的有机肥与化肥的比例，并且注意通过与加强其他田间管理实现产量的提高，而不能只求通过多施肥来提高产量。

（2）*施肥时期要准确*　应根据作物的生育特性及其需肥规律，在不同生育期，满足作物对肥料养分种类、数量要求。

（3）*施肥方法要正确*　施肥方法有基肥和追肥，一般要求做到以基肥为主，追肥为辅。具体做法：基肥选用充分腐熟的猪粪、牛粪、土杂粪等，深施，切忌使用未腐熟的肥料，避免产生危害。追肥适时适量，不超量施肥，不偏施氮肥，氮、磷、钾配合使用，尽量减少硫酸铵、硫酸钾、氯化钾等易在土壤中造成盐分积累肥料的使用量。

（二）根外追肥

根外追肥能迅速补充作物所需的营养元素，克服作物因缺乏营养元素引起的缺素症，特别是微量元素，由于作物吸收、利用少，在土壤中施用易被固定或分解，因此追肥更为经济、有效。在某些特定的条件下，如干旱季节、水洼地等，应用根外追肥具有明显的增产效果。但根外追肥在实际应用过程中也存在一些问题，如大面积喷雾的机械问题、喷雾的劳动力成本问题、根外追肥营养元素的实际利用率等。因此，根外追肥只能作为土壤施肥的补充，而不能替代土壤施肥。

1. 根外追肥常用的肥料种类及使用浓度　见表6所列。

表6　根外追肥常用肥料种类及使用浓度

肥料名称	使用浓度（%）
尿素	0.2～0.5
磷酸二氢钾	0.1～0.3
过磷酸钙	1～5（取上清液）
硫酸镁	1.0～2.0
硫酸亚铁	0.1～0.2
氯化钙	0.3～0.5

（续）

肥料名称	使用浓度（%）
硫酸锰	0.05～0.1
硫酸钾	0.05～0.4
钼酸铵、钼酸钠	0.04～0.05
硫酸铜	0.02～0.1
硼酸、硼砂	0.1～0.3

2. 根外追肥注意事项

①用微量元素进行根外追肥时，必须慎重，因为作物对微量元素的需求量很小，从缺乏到过量之间的变幅较小，微量元素的缺乏或过量都会造成作物生理失调，使用前应根据作物的症状或通过定量分析加以确诊，使用时注意用量。

②叶面追肥时最好采用雾化性能较好的工具，提高肥料溶液的雾化程度，增加肥料与作物的接触面积，提高肥料的吸收率。

③喷洒时间最好选择在下午进行，防止在强光高温下使肥料溶液迅速变干，降低吸收率甚至引起药害。一般溶液在叶片上湿润时间达到30～60分钟，养分吸收速度快，吸收量大。

④从叶片的结构看，叶背面多是海绵组织，比较疏松，细胞间隙较大，多气孔，营养液通过比较容易。因此，在叶面追肥时，应尽可能喷洒到叶片背面，提高吸收速率及利用率。

⑤叶面追肥可与杀虫剂、杀菌剂配合使用，降低生产成本；也可在肥料溶液中加入适量湿润剂，降低溶液表面张力，增大与叶片的接触面积，提高肥效。

三、化控技术

化控技术是指在栽培环境不适合蔬菜、花卉、果树等生长发育的条件下，用化学制剂调节植株的生长发育，确保产品优质高产的技术。

（一）植物生长调节剂的种类

目前公认的植物激素有生长素、赤霉素、乙烯、细胞分裂素和脱落酸5大类。油菜素内酯、多胺、水杨酸和茉莉酸等也具有激素性质，故有人将其划分为9大类。而植物生长调节剂的种类仅在园艺作物上应用的就达40种以上，如植物生长促进剂类有赤霉素、萘乙酸、吲哚乙酸、吲哚丁酸、2,4-D、防落素、6-苄基氨基嘌呤、激动素、乙烯利、油菜素内酯、三十烷醇、ABT增产灵、西维因等；植物生长抑制剂类有脱落酸、青鲜素、三碘苯甲酸、增甘膦等；植物生长延缓剂有多效唑、矮壮素、调节磷、烯效唑等。

（二）植物生长调节剂的配制

1. 配制方法　不同植物生长调节剂需用不同溶剂溶解，多数植物生长调节剂不溶于水，溶于有机溶剂。表7是不同植物生长调节剂的剂型、使用的溶剂种类及配制时的注意事项。

表7　不同植物生长调节剂的剂型及配制时常用的溶剂

植物生长调节剂的种类	溶　剂	剂　型
萘乙酸（NAA）	溶于丙酮、乙醚和氯仿等有机溶剂，溶于热水，可将原药溶于热水或氨水后用稀释使用	80%原粉，遇碱形成盐
吲哚乙酸（IAA）	溶于热水、乙醇、丙酮、乙醚和乙酸乙酯，微溶于水、苯、氯仿；在碱性溶液中稳定	粉剂和可湿性粉剂
吲哚丁酸（IBA）	溶丁醇、醚、丙酮等有机溶剂，不溶于水、氯仿；使用时先溶于少量乙醇，然后加水稀释到所需浓度，若溶解不全可加热，冷却后加水	92%粉剂
2，4-D	溶于乙醇、乙醚和苯等有机溶剂，难溶于水；配制时先用1mol/L氢氧化钠溶液溶解再加水	80%粉剂，72%丁酯乳油，55%胺盐水剂
防落素（PCPA）	溶于醇、酯等有机溶剂，微溶于水；使用时用少量乙醇或氢氧化钠溶液滴定溶解，再加水稀释至所需浓度，水溶液稳定	1%、2.5%、5%水剂，99%粉剂，99%可湿性片剂

（续）

植物生长调节剂的种类	溶　剂	剂　型
6-苄基氨基嘌呤（6-BA）	溶于碱性或酸性溶液，在酸性溶液中稳定，难溶于水；使用时加少量0.1mol/L，盐酸溶液溶解，再加水稀释至所需浓度	95%粉剂
激动素（KT）	溶于强酸、碱性溶液及冰乙酸中，微溶于乙醇、丙酮、乙醚，不溶于水；配制时先溶于1mol/L盐酸中，完全溶解后再加水稀释至所需浓度	
赤霉素（GA）	溶于甲醇、丙酮、乙酸乙酯和pH6.2的磷酸缓冲液，难溶于水、氯仿、苯，醚、煤油	85%结晶粉；遇碱易分解
乙烯利	溶于水和乙醇，难溶于苯和二氯乙烷；在酸性介质（pH<3.5）中稳定，在碱性介质中分解，很快放出乙烯	40%水剂
油菜素内酯（BR）	溶于甲醇、丙酮和乙醇等多种有机溶剂	0.01%乳油，0.2%可溶性粉，0.04%水剂
三十烷醇（TRIA）	溶于乙醇、氯仿、二氯甲烷和四氯化碳，不溶于水	乳精，1.4% TA乳剂
ABT生根粉	溶于乙醇、用95%以上工业乙醇溶解后再加水	粉剂、水剂
西维因	溶于甲醇、丙酮和乙醇等多种有机溶剂，遇碱水解失效	5%粉剂，25%和5%可湿性粉剂
脱落酸（ABA）	溶于乙醇、甲醇、丙酮、碳酸氢钠、三氯甲烷和乙酸乙酯，难溶于水、苯和挥发油	生产上很少使用
青鲜素（MH）	溶于冰乙酸，难溶于水，微溶于醇，它的钠、铵、钾盐及有机碱盐类易溶于水	25%钠盐水剂，30%乙醇铵盐水剂
三碘苯甲酸（TIBA）	溶于乙醇、甲醇、丙酮、苯和乙醚	98%粉剂
多效唑（PP_{333}）	溶于甲醇、丙酮	25%乳油、15%可湿性粉剂
矮壮素（CCC）	易溶于水，不溶于苯、乙醚和无水乙醇，遇碱分解	50%水剂
调节膦	制剂为水剂	40%水剂
比久（B_9）	溶于温水	85%可溶性粉剂，5%液剂

2. 用药量的计算方法

例 1（植物生长调节剂有效成分小于 100%）：应用生长延缓剂延缓和抑制桃、山楂、葡萄、黄瓜等新梢或枝蔓生长，一般可叶面喷布 1 000 毫克/千克（升）的多效唑（PP_{333}），配制 15 千克或 15 升的溶液需要多少多效唑？

（1）先求出其 15 千克或 15 升 1 000 毫克/千克（升）多效唑溶液中含纯多效唑的质量：1 000 克∶1 克=15 000 克∶X

$$X=15\text{ 克}$$

（2）多效唑为 15%可湿性粉剂，即含量只有 15%，必须再求出 15 克纯多效相当于 15%的多效唑多少克？

$$100\text{ 克}:15\text{ 克}=X:15\text{ 克}$$

$$X=100\text{ 克}$$

需用 15%多效唑 100 克，即 15 千克（15 升）水中加 100 克多效唑，浓度为 1 000 毫克/千克（升）。

例 2（植物生长调节剂有效成分 100%）：要将 1 000 毫克/升的原液稀释到浓度为 100 毫克/升的溶液 500 毫升，问需要多少原液？

$$A:a=b:X$$

$$X=a\times b/A$$

式中：A 为原液浓度；a 为所需浓液浓度；b 为所需浓度的体积；X 为配制所需溶液需要的原液的体积。

A=1 000 毫克/升，a=100 毫克/升，b=500 毫升，求 X=?

$$X=a\times b/A=100\times 500/1000=50\text{（毫升）}$$

（三）植物生长调节剂在蔬菜上的应用

1. 打破种子休眠，促进萌发　莴笋高温季节播种时，用 100 毫克/升 6-苄基氨基嘌呤（6-BA）液浸种 3 分钟或用 100 毫克/升赤霉素（GA）液浸种 2～4 小时，可提高发芽率；马铃薯薯块用0.5～1 毫克/升 GA 液浸泡 10～15 分钟，捞出阴干，在湿沙中催芽或用 10～20 毫克/升 GA 液喷施块茎，均能促进薯块发芽。

2. 促进生根 α-NAA可促进番茄、茄子、辣椒、黄瓜等枝蔓插条生根，用50毫克/升α-NAA液浸番茄插条基部10分钟，或用2 000毫克/升α-NAA液速蘸茄子、辣椒插条基部，可促进生根。

3. 抑制茎叶和新梢生长，调节营养生长 土施500毫克/升矮壮素（CCC）可防止番茄徒长；番茄2～4片真叶期喷300毫克/升CCC可防止茎叶徒长，5～8片真叶期喷20毫克/升多效唑（PP_{333}）可防止徒长；辣椒苗高6～7厘米时，喷10～20毫克/升PP_{333}可防止徒长；豆类蔬菜用10～100毫克/升CCC浸种后，可防止徒长，增加结荚数和产量。

4. 调节花芽形成及开花 黄瓜幼苗1～3片真叶期叶面喷100～200毫克/升乙烯利，或1～3叶期叶面喷10毫克/升α-萘乙酸（α-NAA），或3～4叶期叶面喷500毫克/升吲哚乙酸（IAA），均可诱导或促进雌花形成；南瓜3～5片真叶期叶面喷150～300毫克/升乙烯利可诱导雌花形成。

5. 提高坐果率，防止落果 番茄、茄子、辣椒和西瓜花期喷20毫克/升2，4-D或20～40毫克/升防落素，可提高坐果率，防止落花、落果。

6. 控制抽薹与开花，疏花疏果 芹菜、莴苣3～4片真叶期喷50毫克/升青鲜素（MH），可促进抽薹开花；大白菜花芽分化初期喷0.125％MH，可抑制花芽分化。

7. 促进果实成熟 番茄果实白熟期、着色期和采收前分别喷施乙烯利300～500倍液、1 000毫克/升和3 000毫克/升溶液，可促进着色提早成熟；在植株上用500～1 000毫克/升乙烯利浸抹果实，可提早成熟5～6天。

8. 保鲜 白菜类蔬菜（如白菜、甘蓝、花椰菜等）若在采收前5～7天用25～50毫克/升2，4-D钠盐水溶液喷洒植株外叶，可防止储藏期间"脱帮"，减少重量损失；若采前用10～20毫克/升BA喷洒植株或采收后用5～10毫克/升BA浸洗处理，可有效防止失绿变黄，保持新鲜。蒜薹采收后立即用40毫克/升GA_3浸泡基

部 5 分钟，可保持新鲜状态。

(四) 使用植物生长调节剂应注意的问题

1. 药液浓度要适宜　确定药液浓度要从以下 3 个方面考虑：

(1) 化控剂的种类　各类作用相似的化控剂间，适宜的使用浓度往往有差别，确定浓度时，必须严格按照使用说明要求的浓度配制药液。

(2) 处理的作物类型　对一些耐药性强的作物，药液浓度可适当高一些，而对一些耐药性弱的作物，药液浓度应适当低一些。

(3) 设施内的温度　对保花、保果化控剂来讲，设施内的温度较高时，药液浓度应适当低一些，设施内的温度偏低时，药液浓度应高一些。而对生长抑制类化控剂来讲，设施内温度偏高时，药液浓度应高一些，设施内温度偏低时，药液浓度应低一些。

2. 使用方法要正确　凡是在低浓度下能够对植株产生药害的化控剂，必须采取点涂的方法，局部植株处理，减少用药量，严禁采取喷雾法。对一些不易产生药害的化控剂，为提高工效，可根据需要，选择喷雾、点、涂等方法。

喷药时间最好在晴天傍晚进行。不要在下雨前或烈日下进行，以免改变药液浓度，降低药效。

3. 用药量要适宜　由于绝大多数化控剂针对植株的生长点或花蕾，因此凡是喷洒化控剂，均要求轻喷植株上部或只喷洒花朵。另外，对 2,4－D 等不能重复处理的化控剂，应在溶液中加入适量指示剂，如滑石粉、色剂等，以便在植株的已处理部位上留下标记，避免日后重复处理。

4. 化控处理与改善栽培条件要同时进行　环境条件对化控效果的影响很大，应在使用化控剂的同时，相应改善作物的栽培环境。例如，要控制蔬菜徒长，应在使用化控剂的同时，减少浇水量和氮肥用量，并加大通风量；要促进蔬菜开花结果，在使用生长调节剂的同时，提高或降低保护地内温度。

四、穴盘基质育苗技术

（一）黄瓜断根嫁接苗穴盘育苗技术

黄瓜嫁接育苗是当前防治黄瓜枯萎病及促进黄瓜增产的一项重要技术措施，常用的嫁接方法主要是靠接法和插接法，但用于大规模穴盘育苗生产有诸多弊端，如砧木和接穗育苗占用面积较大、植株的高度控制困难等。目前推广的砧木断根嫁接方法，操作简单，嫁接速度快，成活率高，生产的黄瓜嫁接苗粗壮，整齐，种苗质量好，适合工厂化规模生产。定植后根系发达，利于提高产量，生产出的种苗深受广大农民的欢迎。因此，重点介绍黄瓜砧木断根嫁接技术及管理要点。

1. 基质准备 砧木和接穗播种采用的基质为草炭、珍珠岩、蛭石，按照体积比 3∶1∶1 的含量配制，每立方米加 5 克绿亨 1 号（配制成 5 000 倍溶液）或 100 克多菌灵用于消毒，配制时每立方米再加 20－10－20 氮、磷、钾三元复合肥 1 千克。杀菌剂和肥料与基质混合时要搅拌均匀。嫁接后断根苗的扦插基质则不加任何肥料。

2. 砧木和接穗的选择 砧木采用新土佐、云南黑籽南瓜均可，对接穗品种要求不严格，一般选用当地保护地主栽黄瓜品种即可。

3. 种子处理及播种 砧木种子先晒 2～3 天，播种前用 55～60℃的温水浸种消毒，浸种时要不断搅拌，直至水温降到 30℃后停止搅拌，自然冷却后用 2%漂白粉液浸种 15 分钟，清洗干净后浸泡 8～10 小时，然后清洗 2～3 遍待播。黄瓜种子播前用 55～60℃温水浸种消毒，方法同砧木。浸泡 6 小时后再清洗 2～3 遍待播。

砧木种子选用 45 厘米×45 厘米的育苗方盘或其他规格的育苗盘进行播种，首先在盘中先铺 3～5 厘米厚的基质，压实后播砧木种子，要求行距 5 厘米，株距 1.5～2 厘米，种子方向一致，45 厘米×45 厘米的育苗方盘每盘播种 220～230 粒。再用消毒过的细沙

或蛭石覆盖1.5厘米左右，充分浇水后放在28～30℃的催芽室中催芽，保持较高的湿度，待60%左右拱土时移出催芽室。黄瓜种子在砧木子叶平展时浸种消毒，浸泡后用同样的方盘先铺3～5厘米厚的基质，将黄瓜种子撒播在上面，每盘约1 500粒，再用基质覆盖2厘米左右，浇水后放在28～30℃的催芽室中。注意浇水不宜过多，否则影响种子发芽。待80%左右拱土时移出催芽室及时见光。

4. 嫁接前苗床管理　砧木齐苗前沙子或蛭石不宜干燥。嫁接前1～2天适当降温控水，促进下胚轴硬化。接穗（黄瓜苗）的基质不宜过干，齐苗后要充分见光。嫁接前要做好病虫害防治，一般情况下齐苗后和嫁接前1天各喷1次低浓度的杀菌剂预防病害，如用70%甲基托布津1 000倍液或75%百菌清800倍液或普力克600倍液进行苗期病害的预防。

5. 嫁接及扦插　嫁接适期以砧木第一片真叶展开时，即播种后13～15天为宜。黄瓜为子叶平展，第一片真叶微露时，即播种后10～12天为宜。砧木在嫁接前1天抹去生长点。嫁接前1天的下午砧木和黄瓜的基质要浇透水，使植株吸足水分。扦插前，成活区内的苗床基质应做好消毒工作，固定一个工人割取砧木和黄瓜苗。

具体嫁接方法如下：砧木从子叶下5～6厘米处平切断，黄瓜苗可靠底部随意切下，每次切下的砧木和接穗不宜过多。嫁接时用专用嫁接签从砧木上部垂直子叶方向斜向下插入，角度在30°～45°之间，深度为0.5厘米，以不露表皮为宜，插入后暂不取出嫁接签。接着将黄瓜苗垂直于子叶方向下方约1厘米处的胚轴斜削1刀，削面长0.3～0.5厘米，拔出插在砧木内的嫁接签，立即将削好的黄瓜接穗插入砧木，使其斜面向下与砧木插口的斜面紧密相接。嫁接好后放在湿润的容器内保湿待扦插。

扦插前将扦插基质装入72孔育苗穴盘，浇透底水后扦插嫁接苗，扦插深度2～3厘米。扦插手法及用力要适度，以免折损茎部，扦插后立即放入成活区的苗床内，并做好标签，记录嫁接和扦插日期。

6. 成活期管理

(1) 温度管理　嫁接后前3天温度要求较高，白天26～28℃，晚上22～24℃，温度高于32℃时要通风降温，以后几天根据伤口愈合情况把温度适当降低2～3℃。8～10天后进入苗期正常管理。

(2) 湿度管理　嫁接后前2天湿度要求95%以上，低湿时要喷雾增湿，注意叶面不可积水。随着通风时间加长，湿度逐渐降低到85%左右。8～10天后根据伤口愈合情况，湿度管理可接近正常苗湿度管理。

(3) 光照管理　嫁接后前2天要遮阳，以后几天早、晚见自然光，在管理中视情况逐渐加长见光时间和增加光照强度，可允许轻度萎蔫。8～10天后可完全去除遮阳网。

(4) 通风管理　一般情况下嫁接后前2天要密闭不通风，只有温度高于32℃时方可通风，嫁接后第三天开始通风，先是早、晚少量通风，以后逐渐加大通风量和加长通风时间，对萎蔫苗盖膜前要喷水。8～10天后进入苗期正常管理。

在嫁接后第5～6天喷一次代森锰锌800倍液和农用链霉素4 000倍液预防苗期病害发生。

7. 成活后管理

(1) 及时去萌蘖　砧木在高温和高湿环境下萌蘖生长很快，影响黄瓜苗的正常生长，所以嫁接成活后应及时去除萌蘖。

(2) 肥水管理　成活后要适时控水，有利于促进根系发育。一般情况下基质较干后结合浇水喷1～2次叶面追肥，可选择0.1%～0.3%的磷酸二氢钾或尿素。浇1次清水后，再浇氮、磷、钾含量为15-10-15和20-10-20速效肥水，浓度在50～120毫克/千克之间，两者交替使用。

8. 种苗质量标准及出圃前管理　黄瓜嫁接苗苗龄一般选择25～35天，具有2～3片真叶，叶片翠绿、肥大，根系已盘根，幼苗从穴盘拔起时不会散坨，须根白色、健康，植株高度在7～10厘米。发货前5～7天要降低温度2～3℃，并且要控肥水，便于装箱

运输和缓苗，提高移栽成活率。

（二）西瓜工厂化嫁接育苗技术

西瓜种植面积大，连年种植，易导致枯萎病等病害的严重发生。栽培中多采用6年以上轮作来预防枯萎病，给西瓜生产带来很大的限制。除轮作外，近年来多采用抗病砧木嫁接西瓜苗栽培达到防病和提高抗逆性的目的。培育嫁接西瓜苗，如以农民一家一户为单位，则存在技术与设施的困难。采用基质穴盘工厂化嫁接育苗，培育的嫁接苗根系发达，移栽后无缓苗期，而且长势旺，抗逆性强，深受欢迎。现将这一技术介绍如下。

1. 播种前的准备工作

(1) 穴盘的选择　砧木育苗一般选用50孔穴盘。接穗育苗一般选用方形育苗穴盘。大孔径穴盘有利于培育大苗壮苗。采用PS脱毒穴盘和PVC专用育苗盘，这类穴盘耐低温、耐运输，使用寿命一般至少达10次以上，安全无害。重复使用的穴盘，在使用前应进行消毒处理，采用2%的漂白粉充分浸泡30分钟，用清水漂洗干净备用。少数育苗场出于成本核算考虑，多采用非品牌甚至回胶生产的劣质塑料穴盘，这类穴盘利用周期短，1～2年就结束，低温条件下易降解析出有毒填充物，有的还含有重金属等外源污染物，对西瓜苗带来潜在污染。有些穴盘因设计欠科学，瓜苗在穴盘孔间窜根严重，几乎达到10%以上，严重影响瓜苗移植后成活率。

(2) 基质的选择　最好选用质优价廉的商品专用基质材料，这样就避免了自行配制基质的风险。基质的优劣对育苗影响很大，甚至有时直接决定育苗的成败。由于基质质量不佳（保水剂等材料可能有问题），或在拌和其他肥料过程中引起浓度不均，或肥料质量有问题等原因导致西瓜瓜苗发生非侵染性病害伤苗的现象屡有发生。所以大规模育苗在基质材料投入生产前还应进行抽样检验。方法是采取随机抽样，对抽取样品进行西瓜种子发芽生长检测，能正常发芽生长的基质为合格品。

普通商品基质每立方米加入5克绿亨2号或100克土菌消消毒，以防止苗期病害，同时混入0.8千克氮、磷、钾含量为20-

10-20的育苗专用肥或1.2千克的15-15-15多元复合肥。肥药一定要混合均匀。一般在大量肥料拌入后，再用水对微肥，先溶成0.1%～0.2%硫酸锌和0.1%～0.15%硼酸钠溶液，然后喷淋拌匀，最后用石灰或碳酸钙调节pH至7.2～7.5。配制好的基质装入穴盘中备用。在混配基质时要特别注意，多菌灵对西瓜的发芽有一定的抑制作用，因此西瓜育苗基质的消毒应避免使用。

(3) 育苗场地及资材的杀菌消毒　对即将投产的育苗场地、大棚、棚膜（保温被）、泡沫塑料及器具包括配好肥料的基质，都要用38%甲醛50倍液喷雾消毒，用药剂量为30毫升/米^2，然后封闭48小时，5天后待甲醛散发净后，每立方米基质再加75%百菌清100克消毒，或采用20%甲基托布津800倍液喷淋。杀菌消毒不彻底易导致病虫害的大量发生和危害。

专业育苗场地须进行高温闷棚。具体方法：在夏季休闲期，清除棚内杂物后，密闭大棚并检查修补好棚膜破损（最好用新棚膜），进行高温闷棚，在夏季强日照条件下，棚温迅速升高，1周内可以杀灭棚内多数的活体动植物病原体。在此基础上，深翻土壤25～30厘米，大水漫灌，覆盖地膜，连续暴晒15天左右，使棚温达到70～80℃，土温达到60℃。

通过杀菌消毒，育苗场地及资材病原菌可得到有效控制。

(4) 砧木和接穗品种的选择　目前，生产上使用较多的砧木品种有：京欣砧1号、京欣砧2号、京欣砧3号、京欣砧4号、京欣砧冠、京欣砧王、甬砧1号、甬砧3号、甬砧5号、将军、超丰F_1、刚强1号、刚强2号等。砧木品种选择的原则是亲和力好、抗逆性强、不改变西瓜品质。若选用新品种，则必须经过试验示范，方可在规模生产中应用。

接穗西瓜采用当地主栽品种如早春红玉、小兰、早佳、京欣等。

2. 播种催芽及管理

(1) 播种催芽

1) 晒种　为了增加种子的活力和吸水性，无论是接穗西瓜种

或砧木葫芦、南瓜种，浸种之前应进行晒种，冬天 11 月份晴天晒种 5～6 小时即可。

2）砧木和接穗播期的确定　根据定植日期，供苗前 25（夏季）～40 天（冬季）对砧木种子进行浸种催芽，砧木种子浸种催芽 7 天后接穗种子进行浸种催芽。如外界气温较低时，可以增加砧木与接穗播种的间隔时间，以确保嫁接时砧木达到合适的大小。

3）砧木种子的浸种　用 55℃温水浸泡种子，并不断地搅拌，待水温降至 30℃时停止搅拌，取出种子，再用 0.1％的漂白粉消毒 10 分钟，用清水冲洗干净，在室温下浸种，浸种时间为南瓜 12 小时，瓠瓜 24 小时，西瓜 6～8 小时，浸种后用清水冲洗 2～3 遍，搓洗掉种子上的黏液，准备催芽。

4）砧木的播种和催芽　将种子装入方盘中，并用湿布盖好，置于 28℃下催芽，待种子露白时即可挑选出来播种，未发芽的继续催芽，以确保嫁接时的砧木大小一致。露白的种子直接播于 50 孔的穴盘中，深度为 1 厘米左右。播种时将种子胚根斜向上放于穴盘小孔的中心，以减少“戴帽苗”，播种后用基质进行覆盖。播种覆盖作业完毕后均匀浇水，浇水量不宜过多，约为饱和持水量的 80％，然后移入催芽室。催芽前进行粉尘消毒，药剂用 6.3％大救星（万霉灵）粉尘剂，每亩用药量 1 千克。催芽室温度，可采用变温催芽，白天 28℃，夜间 18℃为宜，同时可根据品种发芽特性，采用控制催芽温度或浸种催芽时间的方法控制其出芽速度和时间，最好使其在清晨拱土，以防夜间徒长。如无催芽室，播种后也可直接放入温室中，但应尽量降低夜间温度，以防长高。连阴天以降低育苗区温度和控制苗床湿度为主，防止徒长。当 70％种子拱土时，降低温度，白天 20～25℃，夜间 15～18℃。这一期间温度过高易造成小苗徒长，过低时子叶下垂、朽根或出现猝倒，要特别注意阴天温度管理不要出现昼低夜高逆温差。管理要点以温度管理为主，设法创造适宜的生长环境。在子叶平展时，喷施代森锰锌＋0.2％磷酸二氢钾＋0.1％的糖水。

5）接穗的播种方法　在砧木播后 6～7 天，西瓜种子播于方盘之中。方盘的底部均匀地铺一层厚4厘米左右的基质，然后将种子均匀地撒在基质上，播种密度以种子不重叠为度，然后覆盖1厘米厚的基质或蛭石。如用基质覆盖，注意基质较轻，需在覆盖结束后稍稍压实，以减少“戴帽苗”的产生。覆盖后浇足底水，放于催芽室中进行催芽。催芽前进行粉尘消毒，药剂用6.3%大救星（万霉灵）粉尘剂，每亩用药量1千克。催芽室必须安装人工光源，光照强度为5 000勒克斯左右。

（2）*环境调控* 育苗场地可选用连栋大棚、玻璃温室或“大棚+小棚+草帘”的覆盖栽培方式，采用地热线空气加温取代地热线垫底直接加温和变温育苗技术，以降低棚内空气湿度。增挂40瓦白炽灯或日光灯管，每40米一盏，为在低温连阴天的情况下补充光照创造条件，从而提高环境调控效果。

（3）*出苗后防病* 在加强育苗设施及育苗基质消毒的同时，种子出苗后揭除地膜，苗齐后喷15%恶霉灵3000倍液1次。在种苗子叶平展时叶面喷施72%代森锰锌500倍液加0.2%磷酸二氢钾加0.1%蔗糖水，定植前7天结合施肥用世高1500倍液或百菌清500倍液防病。春提前育苗场往往又是烟粉虱、蚜虫等害虫越冬场所之一，一旦条件适宜转主伤苗，因此应在一叶一心左右，利用晴好天气，点燃烟熏剂进行熏蒸杀虫。方法是每亩用10%氰戊菊酯烟熏剂300克加15%腐霉利烟熏剂300克，锯木1～1.5千克，分成40～50个小堆，然后点燃，在下午7时左右开始熏烟消毒，熏蒸时温度维持20℃左右，杀死棚内表面的病菌和害虫，翌日早上8时左右开始揭棚散烟换气。

3. 嫁接 嫁接苗根系发达，抗病性强，对枯萎病免疫，生产上广受欢迎。

（1）*嫁接方法* 嫁接时的幼苗标准：砧木的苗龄为8～12天，相当于第一片真叶刚刚展开时的苗龄。冬季苗龄可略长，夏季略短。同时在砧木刚刚开始萌发真叶时将真叶小芽抹去。接穗用出苗后2天、子叶将展未展之际的小苗，并在嫁接前3～5天控制浇水，嫁接前1天浇透水，以利于嫁接成活。

目前国内外西瓜嫁接方法通常采用顶插接、靠接法和断根法，其中以顶插接最为简单，易于推广应用。顶插接用的工具有嫁接刀、操作台（桌凳皆可）以及特制的嫁接针（径粗与西瓜下胚轴粗细相同，约3毫米）。

嫁接时抹去砧木的二次萌发生长点，用嫁接针从心叶处斜插5毫米深，不要穿破表皮。用拇指和食指捏住接穗两片叶，使刀片与接穗成30°角，在子叶基部1厘米处向下削成1个斜面，切口长5毫米，取出砧木上的嫁接针，插入接穗，同时使砧木与接穗的子叶交叉呈十字形。

断根法：断根嫁接是在插接基础上发展起来的一种方法，这种方法去掉了砧木原有的根系，在愈合的同时诱导新根的产生。断根嫁接法优点：①发出的新根（根须）数量多，与直根系相比，根系面积大，对水分、养分吸收能力强，定植后生长快；②嫁接速度快，可将嫁接程序进行分解，特别适合育苗工厂进行操作；③用断根嫁接可有效控制由于砧木徒长所导致的嫁接苗徒长问题，生产的嫁接苗整齐、商品性好；④采用断根后再将嫁接苗移栽到穴盘时，可以调整砧木与接穗子叶方向呈“十”字形，可以促进嫁接苗的成活。嫁接方法与顶插接法基本一致，只是在嫁接时，将砧木根在距离子叶下方5～6厘米处切断，嫁接完成后，再将嫁接苗扦插到穴盘基质中。

（2）嫁接后的管理

1）温度、湿度、光照管理　嫁接后的瓜苗温度管理标准以白天26～28℃，夜间20～22℃为宜，用塑料小拱棚覆盖使相对湿度大于95%，并且白天用遮阳网进行遮光。3～4天后，在早、晚空气湿度高时开始少量通风，1周后伤口愈合，逐渐加大通风量，温度管理恢复正常。其后温度管理：随着嫁接苗一天天恢复生长，夜温逐渐降低，当西瓜苗长至一叶一心时夜温可保持在16～18℃，这样有利于雌花分化。苗期水分管理：应使育苗基质保持最大持水量的75%～80%，基质水分过少、过干会促进雄花形成，造成花打顶。苗期原则上控温不控水。冬季育苗时，定植前1周应进行低温锻炼，白天22～24℃，夜温13～15℃为宜。

2）除蘖　因嫁接时，砧木虽已摘除真叶和生长点，但仍会萌发新的副芽，影响接穗生长发育，嫁接成活后应尽早、反复多次地除蘖。

3）病虫害防治　西瓜苗期虫害主要有蚜虫、蓟马、潜叶蝇、菜青虫等，可选用10%的吡虫啉1 500倍液、90%万灵1 500～2 500倍液、50%潜克3 000倍液喷防。西瓜苗期的主要病害是猝倒病、疫病、炭疽病和白粉病。猝倒病可用72.2%普力克400～600倍液浇灌苗床或用绿亨2号按3～4克/米^2，稀释600～800倍淋施或喷雾。疫病防治可选用50%甲霜铜可湿性粉剂700～800倍液、普力克水剂800倍液、瑞毒霉锰锌可湿性粉剂500倍液喷防。炭疽病防治可选用百菌清800倍液、80%炭疽福美800倍液喷防，也可以用百菌清烟雾剂熏蒸1～2次。白粉病可选用10%世高2 500～3 000倍液防治。

（3）嫁接苗质量标准　优质西瓜嫁接苗的标准为子叶完整，茎秆粗壮，嫁接处愈合良好，西瓜真叶2～3叶，叶色浓绿，根系完好，不带病虫。苗龄夏季为20～25天，冬季为35～40天。

4. 贮藏与运输

（1）运输计划　运输前要做好计划，买方要做好定植前的准备，买卖双方注意收听天气预报，选择天气状况较好时运输可减少损失。

（2）秧苗包装　秧苗育成后，应及时包装运输。运输秧苗的容器如纸箱、木箱、木条箱、塑料箱等均可采用，应依据运输距离选择不同的包装容器。容器应有一定的强度，能经受一定的压力与路途中的颠簸。远距离运输时，每箱装苗不宜太满，装车时既要充分利用汽车空间，又要留有一定的空隙，防止秧苗呼吸热的伤害。在装箱过程中，应注意不要破坏秧苗根系，以免影响定植后的缓苗生长。

（3）秧苗运输工具　一般以汽车运输为主，以减少中间的卸装环节。因为秧苗运输对温度以及通风等都有一定的要求，最好是采

用保温空调车。采用一般大卡车运输时，冬季要注意保温，防止秧苗冻害的发生。

（4）秧苗锻炼　在秧苗运输前1周逐渐降温锻炼，并适当控制灌水量。秧苗通过降温、控水锻炼，生长速度缓慢，光合产物积累量增加，茎叶组织的纤维增加，含糖量也明显提高，且降低了叶片的含水量，表皮增厚，气孔阻力加大。这些形态、生理变化说明秧苗的抗逆性增强，有利于抵抗贮运中及定植后低温的伤害。但是，锻炼不可过度，更不宜控水过分，以免降低秧苗培育质量。另外，在育苗期就应将锻炼的时间计划在内，保证秧苗有足够的苗龄。

（三）番茄直播苗穴盘育苗技术

番茄喜温不耐寒，也不耐热，种子适宜的吸胀温度是15～30℃，发芽适温是28～30℃，苗期生长适宜温度为白天20～25℃，夜间10～15℃为宜，35℃停止生长，1℃会发生冻害；根系生长适温为20～22℃，种子发芽最低温度为10℃。番茄喜充足的光照，幼苗期需要的适宜光照强度在20 000勒克斯以上，光照补偿点为2 000勒克斯，并喜欢肥沃疏松、透气性好的基质，pH以5.5～7.0为宜。

1. 穴盘的选择　番茄穴盘育苗穴盘的选择与幼苗的大小密切相关。育二叶一心的苗可选用288孔苗盘；育三叶一心的苗可选择200孔的穴盘；育4～5叶苗可选用128孔苗盘；育6叶以上的种苗或带蕾定植的大苗可选用72孔或50孔的苗盘。一般在夏季育苗可选用288孔或200孔的穴盘，在冬季或早春为了提早上市的早熟栽培可选用72孔或50孔的穴盘，以培育大苗定植。

2. 基质的配备　每1 000盘标准288孔苗盘备用基质2.8米^3，128孔苗盘备用基质3.8米^3，72孔苗盘备用基质4.65米^3。基质的配比按草炭、蛭石、珍珠岩体积比3∶1∶1，夏季适当减少珍珠岩的用量。非专业化生产可以用锯末屑、压碎的玉米芯代替草炭，但育苗的效果不如草炭。每立方米基质可用100克多菌灵进行消毒，同时加入优质进口复合肥1.3千克或氮、磷、钾含量为20-20-20的育苗专用肥1千克。基质的配备要点是各成分要充分混合均匀。播种时基质的干湿程度是捏可成团，松手后轻轻拨动即可散开。

3. 播种与催芽 根据当地的需要选择合适的品种。播前种子处理，检测发芽率，选择种子发芽率大于90%的籽粒饱满、发芽整齐一致的种子。播前用温汤浸种法浸泡，夏季播前用10%磷酸三钠处理20分钟，然后用清水将种子上的药液冲洗干净，风干后播种。穴盘育苗对种子的质量要求高，发芽率低的或种子活力差的种子不宜使用。穴盘育苗时，为了得到整齐一致的种苗，有时也采用先催芽，待种子露白时挑出播种，这样种苗大小均匀，且空穴少，基质利用率高，成本降低。播种时基质装盘要松紧适宜，太松则浇水后基质下陷，太紧则影响种苗生长。播种深度1厘米左右。播种后覆盖蛭石，厚度为0.5～1厘米，浇透水放置催芽室内催芽。

催芽室温度管理指标为白天25℃，夜间20℃，3天左右，当种子开始拱土时，要及时将苗盘摆放进育苗温室。这时可适当控制基质中的水分，保持在饱和持水量的70%左右。同时降低温度，尽量使白天保持在20～25℃，夜间10～15℃。并开始充分见光，否则易发生徒长。

4. 苗床管理 夏季高温季节以降温为主，尤其防止夜间高温。如果连续夜间温度过高，可采取控制水分的方法，防止夜间徒长。另外，夏季浇水以清晨为主，下午或傍晚避免浇水。冬季夜温偏低时，可考虑采用加温设施，保持夜温不低于13℃。三叶一心后可以适当降低温度，控制水分，进行炼苗，但最低温度不能低于10℃。

5. 分苗与拼盘 在真叶刚刚开始展开时，应尽快进行分苗和拼盘，将空的穴盘格子补齐，同时检查每穴中的苗数，多于一株的应进行分苗。

6. 病虫害控制 番茄苗期的病害主要有灰霉病、立枯病、枯萎病、病毒病等，虫害主要有菜青虫、潜叶蝇等。

灰霉病可用50%速克灵1 500倍液，或扑海因1 500倍液，或万霉灵1 200倍液，或木霉素500倍液，或75%百菌清800倍液喷

洒防治。立枯病可用绿亨 1 号 4 000～5 000 倍液或敌克松 600～800 倍液进行灌根，或用农用硫酸链霉素 5 000 倍液喷洒防治。枯萎病可用甲基托布津 800 倍液或 50%多菌灵 500 倍液喷防，或用绿亨 1 号 4 000～5 000 倍液防治。病毒病可用病毒灵 1 000 倍液或病毒 A 1 000 倍液喷洒防治。

菜青虫可用抑太保 2 500 倍液，或除尽 3 000 倍液，或万灵 2 500倍液喷洒防治。潜叶蝇可用阿维菌素 2 500 倍液，或潜克 5 000倍液，或灭蝇胺 6 000 倍液喷洒防治。蚜虫和白粉虱，可用一遍净、乐果乳剂、功夫乳油、好年冬、虫螨克、绿浪等喷防，还可用灭蚜乳油加上发烟剂进行熏烟，效果比直接喷药好。

7. 成品苗标准规格 苗龄与商品苗标准，根据不同季节及不同孔穴穴盘而存在差异。春季商品苗标准视穴盘孔穴大小而异，选用 72 孔苗盘的，株高 18～20 厘米，茎粗 4.5 毫米，叶面积 90～100 厘米^2，达 6～7 片真叶并现小花蕾，需 60～65 天苗龄；128 孔苗盘育苗，株高 10～12 厘米，茎粗 2.5～3 毫米，4～5 片真叶，叶面积 25～30 厘米^2，需苗龄 50 天。夏季苗龄需 20 天，株高 13～15 厘米，茎粗 3 毫米，叶面积 30～35 厘米^2。

（四）茄子、辣（甜）椒穴盘育苗技术

茄子种子适宜的萌发温度是 14～32℃，苗期生长的适宜温度是白天 25～30℃，夜间 20～25℃，低于 17℃时生长不良。喜充足的光照，光补偿点为 3 000 勒克斯，苗期光照强度需要 30 000 勒克斯以上为佳，要求基质疏松、透气性好，pH 为 5.5～6.5。

辣椒种子发芽适温为 25～30℃，苗期生长适宜温度以白天 25～28℃，夜间 15～18℃比较好。幼苗生长喜欢较强的光照，但比茄子和番茄对光照的要求稍小。要求基质疏松、透气性好，pH 为 5.5～6.5。

1. 穴盘的选择 茄子育苗一般选择 200 孔和 128 孔穴盘，200 孔穴盘可育成三叶一心苗，128 孔穴盘可育成五叶一心的种苗。有时也选用 288 孔的穴盘育二叶一心苗。72 孔和 50 孔的穴盘虽可育成大苗，但育苗效率低，成本高，不提倡选用。

辣（甜）椒对穴盘的选择与茄子相似，一般也是选用 288、200 和 128 孔的穴盘进行育苗。

2. 基质的选择与配比 北方可采用草炭与蛭石的配比为 2∶1 或 3∶1，南方地区可采用草炭、蛭石、珍珠岩的配比为 3∶1∶1 的基质，配制基质时每立方米加 5 克绿亨 2 号或 100 克多菌灵进行消毒，以防止苗期病害，同时每立方米加氮、磷、钾含量为 20-10-20 的育苗肥料 1 千克或三元复合肥（15-15-15）1.2 千克，基质的配制要点是各成分一定要混合均匀，以确保种苗的生长势均匀一致。

3. 播种和催芽 高质量的种子可以直接播种。穴盘育苗对种子的质量要求较高，由于一穴一粒种子，如果种子的发芽率不好，不仅浪费穴盘和基质，而且生产的种苗整齐度差，质量不好。因此，采用穴盘育苗，必须采用高质量的种子。播种时种子深度 1 厘米左右，蛭石覆盖后浇透底水。

播种后将穴盘放在 28℃的环境中催芽，5 天左右种子开始拱土时及时从催芽室中移出。移出过晚则容易引起徒长，产生“高脚苗”。

种子质量差或陈旧的种子可以采用先浸种催芽再挑芽播种的方法，获得整齐一致的优质种苗。种子处理的方法是用 55℃的温汤浸种，用水量为种子的 3～5 倍，一边倒入水一边搅拌直至水温冷却到室温，搓洗干净种子，放于盘中用湿毛巾盖好，在 28℃恒温催芽室中催芽，待露白时播种。播种方法同种子直接播种。

4. 苗床管理

（1）温度管理 以白天温度大于 25℃，夜间 18～20℃为宜。温度过低，徒长。二叶一心后，夜温可以降低到 15℃左右。

（2）光照管理 光照采用自然光即可，基本不必遮阴。

（3）肥水管理 在真叶开始要露心时，开始浇灌氮、磷、钾含量为 14-10-14 和 20-10-20 的复合肥，交替使用。施用浓度为第一次 75 毫克/千克，以后可以逐渐增加浓度至 100～150 毫克/千

克，每周施用1次。

（4）移苗　如果种子发芽不好，应在第一片真叶出土前后进行移苗。

5. 种苗质量标准和出圃前的管理　育苗穴盘的孔穴数不同，穴盘苗的标准也不同。128孔穴盘茄子苗，株高8～10厘米，茎粗2.5～3毫米，4～5片真叶，苗龄在40～50天，冬天时间可能更长一些；200孔穴盘苗，株高在8厘米左右，茎粗2.5毫米左右，3片真叶，苗龄35～40天；288穴盘株高6～8厘米，茎粗2.0～2.5毫米，2片真叶，苗龄25～30天。所有穴盘苗均应盘根较好，不散坨，根系紧紧缠绕基质，植株不带病虫。

128穴的辣（甜）椒苗，株高10～12厘米，茎粗2.5～3毫米，5～6片真叶，苗龄40～50天；200孔穴盘苗，株高10厘米左右，茎粗2毫米左右，4～5片真叶，苗龄在35～40天；288孔穴盘苗，株高8～10厘米，茎粗1～1.5毫米，3片真叶，苗龄20～35天。所有穴盘苗均应盘根较好，不散坨，根系紧紧缠绕基质，植株不带病虫。

6. 病虫害的防治　茄子和辣（甜）椒苗期的主要病害是猝倒病、灰霉病。猝倒病是苗期常见的一种病害，预防方法是降低苗床湿度，浇水后应通风，降低空气湿度，连阴雨天可采用烟熏灵在夜间熏棚杀菌。还可用绿亨2号进行预防。当幼苗已发病后，为控制其蔓延，可用铜铵合剂防治，即用硫酸铜1份、碳酸铵2份，磨成粉末混合，放在密闭容器内封存24小时，每次取出铜铵合剂50克冲清水12.5升，喷洒床面；也可用硫酸铜粉2份、硫酸铵15份、石灰3份，混合后放在容器内密闭24小时，使用时每50克对水20升，喷洒畦面，每7～10天喷1次。灰霉病可选用50%速克灵1 500倍液，或扑海因1 500倍液，或万霉灵1 200倍液，或木霉素500倍液，或75%百菌清800倍液，或50%农利灵1 000倍液进行喷防。

茄子和辣（甜）椒苗期的主要虫害是蚜虫。用5%高效氯氰菊酯乳油1 000倍液或25%快杀灵乳油1 000倍液防治。

（五）西芹穴盘育苗技术

西芹种子最低发芽温度为4℃，最适温度为15～20℃；苗期最适生长温度为18～20℃。西芹喜微酸性土壤，基质pH维持5.5～6.7适于幼苗生长。

1. 穴盘和基质的选用 穴盘选用288孔或128孔穴盘。配制时可按草炭、蛭石、珍珠岩体积为3∶1∶1的比例进行配制，同时每立方米基质加25千克膨化鸡粪，搅拌均匀，再加入100克多菌灵或200克百菌清，用于基质消毒。配制好的基质应均匀一致，湿度适宜，持水量在65%左右。

2. 播种与催芽 播种之前应先检测发芽率。穴盘育苗采用精量播种，种子发芽率应大于85%以上。西芹种子粒径小，为了保证播种质量，应进行种子预处理并丸粒化。预处理常用方法是：将种子在48～55℃的温水中浸泡30分钟，然后放在10～15℃的冰箱冷藏室内进行催芽，其间每天应淘洗1～2次。最好是白天置于冰箱冷藏室内，夜间置于室温下，以进行变温处理，当至少50%左右种子露白时即可播种。芹菜种子发芽需光照，故播种不宜过深，播后上面覆盖一层2～3毫米的蛭石，再用6 000倍的爱多收溶液润湿穴面，可起到促进发芽，使发芽整齐、壮根壮苗的作用。

3. 苗床管理 西芹从播种至齐苗约需要7天，时间虽短，但管理要求高，因此在苗期管理上应注意水分和温度的管理。西芹对水分要求严格，播种覆盖作业完毕后将育苗盘喷透水（水从穴盘底孔滴出），使基质最大持水量达到200%以上；播种至出苗基质含水量应达到90%以上；从子叶长出到第一片真叶显露应保持基质湿润，含水量维持在80%～85%；第一片真叶至二叶一心，水分含量为最大持水量的75%～80%；三叶一心至成苗期，可减少浇水次数，使基质含水量维持在70%～75%；蹲苗期，含水量降至60%～65%。温度管理上，一般白天控制在22℃左右，最高不超过25℃；夜间控制在12～15℃。夏季育苗时，为了降低温度、减少水分蒸发，有利于出苗和幼苗生长，应设降温遮阴设备。

4. 病虫害防治 苗期病虫害应该坚持以防为主。西芹穴盘育

苗的主要病害有立枯病和猝倒病，苗期主要害虫有蚜虫、茶黄螨，应选用适用农药对症防治。

立枯病可于幼苗二叶一心期用75%百菌清1 000倍液加3%井冈霉素500倍液预防，以后每隔1周喷洒1次杀菌剂，连续用3～4次。猝倒病用绿亨2号喷药防治。当幼苗已发病后，为控制其蔓延，可用铜铵合剂防治。

蚜虫可用10%吡虫啉3 000倍液防治，茶黄螨可喷施1 000倍的50%三氯杀螨醇乳油，或73%克螨特乳油1 500倍液防治。

5. 种苗质量标准　当苗龄40～45天，达到六叶一心时，即可发苗。健康苗的标准是，植株生长健壮，叶色翠绿，子叶仍保持绿色或本品种特有的颜色，无黄叶、无病斑、无虫害。

（六）甘蓝类蔬菜穴盘育苗技术

甘蓝类蔬菜包括甘蓝、青花菜（又叫西兰花、绿菜花）、花椰菜、抱子甘蓝、球茎甘蓝、羽衣甘蓝等。这类蔬菜苗期适合的温度为白天20～25℃，夜间13～16℃，不同品种稍有差异。喜疏松、透气性好的基质，合适的pH为6.5左右。

1. 育苗基质的选择和配制　配制时可以按3∶1∶1的含量加入草炭、蛭石和珍珠岩，每立方米基质加入2.5千克15-15-15的三元复合肥，同时加入50克硼砂或青花菜专用的营养配方肥。基质需进行消毒处理，每立方米用200克多菌灵进行消毒。配制好的基质应均匀一致，湿度适宜，持水量在65%左右。每1 000盘标准288孔苗盘备用基质2.8米^3，128孔苗盘备用基质3.8米^3，72孔苗盘备用基质4.65米^3。

2. 穴盘的选用　育二叶一心苗选用288孔苗盘；育三叶一心苗可选择200孔的穴盘；育4～5叶苗选用128孔苗盘；育6叶以上的大苗可选用72孔苗盘。一般商品苗生产多选用288孔、200孔或128孔的穴盘。

3. 播种　播种时基质的湿度要适宜，基质装盘时过松则浇水后下陷，过紧则影响幼苗的生长，松紧程度以装盘后左右摇晃基质不下陷为宜。压孔深度1厘米左右，播种时应使种子正好落于孔的正中央。播完种后用蛭石均匀覆盖，并用木板刮平。做好标志牌，注明编号、播种日期、品种名称和播种盘数。播完种后统一浇水，浇水一定要浇透，直至能看到水从穴盘下部孔隙中滴出为止。

4. 苗床管理 青花菜穴盘苗容易徒长，在苗期的管理上应加强水分、温度和光照的管理。浇水要适宜，在真叶未发出之前适度控水，真叶发出后浇水的原则是不干不浇，干了才浇，浇而不透，早浇晚不浇。温度管理上，在条件允许的范围内加大昼夜温差，早春与晚秋如果夜温不低于 10℃，不必采用加温设施，白天可将温度控制在 27℃以下，晴天温度可以适当高一些，阴天注意要降低育苗区的温度。青花菜属比较喜光的植物，如果中午光照不是过强，可以不采用任何遮阴设施。

5. 病虫害防治 病虫害以防为主，每隔 5～7 天轮流喷施 50％多菌灵粉剂 1 000 倍液，或 43％杜邦克露粉剂 800 倍液，或 50％速克灵、50％扑海因 1 000～1 500 倍液，与高效氯氰菊酯、功夫等混合使用。青花菜穴盘育苗的主要病害是猝倒病、霜霉病、黑斑病。青花菜苗期主要害虫是蚜虫、菜青虫、黑绒金龟甲、蝼蛄，应选用适用农药对症防治。

猝倒病用绿亨 2 号喷药防治。当幼苗已发病后，为控制其蔓延，可用铜铵合剂防治（具体配制使用方法可参考茄子、辣椒穴盘育苗部分的相关内容）。霜霉病用 70％乙磷铝锰锌 500 倍液或 60％杀毒矾 600 倍液进行防治。黑腐病用农用链霉素 200 毫克或 77％可杀得可湿性粉剂 500 倍液防治。黑斑病用 5％甲基托布津 500 倍液或 50％多菌灵 500 倍液防治。

蚜虫及菜青虫用 5％高效氯氰菊酯乳油 1 000 倍液或 25％快杀灵乳油 1 000 倍液防治，也可用 2.5％溴氰菊酯 2 500 倍液或 20％速灭杀丁乳油 2 000～3 000 倍液防治。蝼蛄用敌百虫 100 倍液拌麦麸于傍晚撒在苗床周围。

6. 种苗质量标准 育苗穴盘的孔穴数不同，穴盘苗的标准也不同。288 孔穴盘苗的成苗标准为二叶一心；200 孔穴盘苗的成苗

标准为三叶一心；128 孔穴盘苗的成苗标准为四叶一心。健康苗的标准是，植株生长健壮，叶色翠绿，子叶仍保持绿色或本品种特有的颜色，无病斑、无虫害。在发苗前 2 天混合施用一次克露（43%，800 倍液）和氯氰菊酯（1.5%，2000 倍液）混合液，以防治大田缓苗期的病虫害。

（七）生菜穴盘育苗技术

生菜性喜冷凉气候，生菜种子发芽适温为 15～20℃。日平均温度超过 24℃秧苗徒长，或发生早期抽薹，对温度的感应因品种不同稍有差异。生菜喜欢疏松、透气性良好的基质，合适的 pH 为 6.0～6.9。种子千粒重为 0.8～1.5 克。

1. 育苗基质的选择和配制 配制时可以按 3：1：1 的含量加入草炭、蛭石和珍珠岩，同时每立方米加入 1.3 千克复合肥或生菜专用的营养配方肥。基质需进行消毒处理，每立方米用 100 克多菌灵进行消毒。配制好的基质应均匀一致，湿度适宜，持水量在 65%左右。每 1 000 盘标准 288 孔苗盘备用基质 2.8 $米^3$，128 孔苗盘备用基质 3.8 $米^3$。

2. 穴盘的选用 育二叶一心苗选用 288 孔苗盘；育三叶一心苗可选择 200 孔的穴盘。

3. 播种 生菜种子为长形，若采用滚筒式精量播种机播种，需事先进行丸粒化。生菜的播种方法与青花菜相同。

4. 苗床管理 穴盘生菜苗容易徒长，因此在苗期的管理上应注意水分、温度和光照的管理。在水分管理上，浇水要适宜，在真叶未发出之前要适度控水，真叶发出后浇水的原则是不干不浇，干了才浇，浇而不透，早浇晚不浇。在温度管理上，在适温范围内加大昼夜温差，早春与晚秋如果夜温不低于 8℃，不必采用保温设施，白天可将温度控制在 25℃以下，晴天温度可以适当高一些，阴天注意要降低育苗区的温度。在光照管理上，生菜是对光照要求比较适中的蔬菜，夏季育苗中午光照过强时，应采用遮阴设施。

真叶吐心时开始浇肥水。可以使用氮、磷、钾含量为 20 - 10 -

20 和 15－10－15 的复合肥，两者交替使用，每周施用 1 次，施用浓度 0.15%左右。另外，生菜对钾肥比较偏好，也可以按照表 8 的配方进行施肥，效果较好。

表 8　生菜穴盘育苗营养配方

肥料种类	N	P	K	Ca	Mg	S
浓度（毫克/千克）	13.31	2.30	16.59	1.91	0.74	4.65

5. 病虫害防治　生菜苗期病虫害应该坚持以防为主，预防措施与青花菜基本一致。生菜穴盘育苗的主要病害有猝倒病、霜霉病、菌核病、灰霉病、黑斑病、病毒病、白粉病。生菜苗期主要害虫有蚜虫、菜青虫、黑绒金龟甲、银纹夜蛾、烟青虫、蝼蛄，应选用适用农药对症防治。

猝倒病用绿亨 2 号喷药防治。当幼苗已发病后，为控制其蔓延，可用铜铵合剂防治。霜霉病用 70%乙磷铝锰锌 500 倍液或 60%杀毒矾 600 倍液进行防治。黑斑病用 5%甲基托布津 500 倍液或 50%多菌灵 500 倍液防治。

蚜虫及菜青虫用 5%高效氯氰菊酯乳油 1 000 倍液或 2.5%快杀灵乳油 1 000 倍液防治，也可用 2.5%溴氰菊酯 2 500 倍液或 20%速灭杀丁乳油 2 000～3 000 倍液防治。黑绒金龟甲用 5 千克炒熟的麦麸拌上 50 克 40%甲基异柳磷配成毒饵撒放在苗床四周防治。蝼蛄用敌百虫 100 倍液拌麦麸于傍晚撒在苗床周围。

6. 种苗质量标准　288 孔穴盘苗的成苗标准为二叶一心；200 孔穴盘苗的成苗标准为三叶一心；128 孔穴盘苗的成苗标准为四叶一心。健康苗的标准是，植株生长健壮，叶色翠绿，子叶仍保持绿色或本品种特有的颜色，无黄叶、无病斑、无虫害。在发苗前 2 天混合施用一次克露（43%，800 倍液）和高效氯氰菊酯（1.5%，2 000倍液）混合液，以防治大田缓苗期的病虫害。

（八）穴盘种苗生产中常见的问题及解决方法

常见问题	问题分析	解决办法
不发芽	水分过多，导致基质缺氧，种子腐烂	选择合格可靠的基质，根据种子发芽条件的要求供给适宜的水分
	种子萌动后缺水，导致胚根死亡	选择合格可靠的基质，根据种子发芽条件的要求供给适宜的水分。易发生于西瓜
	基质 EC 与 pH 不当	一般纯草炭的 pH 只有 3.4～4.4，不能直接使用。因此，若购买的不是已经配制的育苗草炭，则必须自己调节 pH 和 EC。一般调节 pH 为 5.5～5.8，EC 为 0.75
	种子被老鼠吃掉	易发生于瓜类的育苗，注意防鼠
	拆包后未播完的种子贮存不当	种子应保存在低温干燥的条件。尤其是干燥条件，比低温更为重要。一般情况在室温下保存，如干燥条件好，可以保存较长时间
	芹菜、芦笋、番杏等种子休眠，影响发芽	种子预处理，打破休眠
	水分过多或基质黏性重，引起基质氧气不足	选择合格可靠的基质，根据种子发芽条件的要求供给适宜的水分
	水分较少或基质沙性重，发芽水分不足	选择保水性好的基质，根据种子发芽条件的要求供给适宜的水分
	发芽温度过高	保证在适宜的温度下发芽
	发芽温度过低	主要发生在冬季育苗，做好加温措施
	施用基肥过多，引起盐害	适当使用肥料，严格控制 EC 值
	pH 不当	调节 pH 至适宜的范围
成苗率低	病害	基质消毒，种子处理，加强预防，经常观察，注意防治
	浇水过多，基质过湿，引起根死亡	注意浇水，干湿交替
	移出催芽室后湿度不够，引起“戴帽”	保持合适的湿度

（续）

常见问题	问题分析	解决办法
成苗率低	虫害	加强防治
	肥害、药害	合理施肥、施药
	浇水时水流过大，使种苗倒伏死亡	采用细喷头浇水
	除草剂残留	打过除草剂后仔细清洗喷药工具
	浇水不及时，过干	注意浇水
僵苗或小老苗	早春温度低	保持适宜的温度
	生长调节剂使用不当	合理使用生长调节剂
	缺肥	注意施肥
	经常缺水	注意浇水
	喷药时施药工具残留有矮壮素等	施用过矮壮素后仔细清洗喷药工具
早花	环境恶劣，缺肥、缺水、苗龄过长等	提供适宜的环境条件，根据需要适当施肥，及时浇水，注意播种期的安排，保证适宜的苗龄
徒长	氮肥过多	平衡施肥
	挤苗	选择合适的穴盘规格
	光照不足	阴雨天气应注意尽可能增加光照，并结合温度、水分管理控制徒长
	水分过多，过湿	合理控制水分和湿度
顶芽死亡	虫害如蓟马为害	注意防虫
	缺硼	增施硼肥
叶色失绿	缺氮引起的叶色偏淡	注意施肥
	缺钾引起下部叶片黄化，易出现病斑，叶尖枯死，下部叶片脱落	增施钾肥
	缺铁引起叶片黄化	补充铁肥，或施用叶面肥增施全营养微量元素肥料
	pH 不适引起叶片黄化	浇水时注意 pH 的调节

（九）穴盘育苗病虫害控制技术

秧苗质量的判断标准之一就是培育健壮、无病虫的幼苗，育苗过程中能否有效地防治病虫害是育苗成败的关键，也是蔬菜栽培成败的关键。工厂化育苗是集约化生产模式，病虫害发生和传播迅速，但由于管理比较集中，又有利于病虫害的防治。苗期病虫害与成株期病虫害有一定的共同性，也有一定的差异性，目前育苗过程中常见的病虫害种类及防治方法如下。

1. 生理病害的种类与防治

（1）徒长

1）表现和特点　叶色浅，茎节长，根系发育差，根重比值低，茎粗与茎高的比值低；细胞含水量高，含糖量低，抗病性差；定植后往往开花结果期延迟，早熟性差，但总产量影响程度较小。

2）原因及对策　幼苗在子叶期相对生长速度较快，此期如果遇到高温高湿尤其是高夜温，极易引起幼苗的徒长，欲称“拔脖”。真叶展开后对徒长的现象有所缓和，因此主要是控制子叶期的湿度不能太大，尤其是出苗后要及时降低液温，必要时可在播种前浇灌底水时添加低浓度的矮壮素（10～20 毫克/升），对于预防徒长效果较好。

（2）老化

1）表现和特点　叶片肥厚而色深，发暗，苗矮、瘦、细，茎部硬化，根系发育差，生理活性低，代谢不旺盛；植株可以积累养分，但不能用于正常生长，反而产生障碍；定植后生长迟缓，尤其是总产量表现较低。

2）原因及对策　营养液浓度过高或基质中的盐分浓度过高；长期低湿，尤其是根际湿度偏低、干旱；过多应用生长抑制剂等导致幼苗植株老化。实际生产中，营养液浓度和化学调控措施要适当，同时应控制基质中累积的盐分含量，避免根际低温。

（3）边际效应

1）表现和特点　在利用穴盘进行工厂化种苗生产时往往出现一种特殊现象，处于穴盘边缘的植株生长势弱于盘中央的植株，称为边际效应。育苗盘或育苗床架的周边秧苗表现株低矮，生育量小，严重的会出现植株老化的症状和表现。

2）原因及对策　主要是由于水分分布不均匀造成的。因穴盘边缘通风良好，基质的持水量小，而且边缘往往是浇水不容易充分的地方，因此很易出现缺水现象，长期缺水势必影响秧苗的生长发育速度并导致秧苗老化。预防对策是除了正常喷灌外，应额外边缘补水。

（4）逆边际效应

1）表现和特点　部分处在苗盘中央的幼苗在生长发育过程中发生生长速度较慢的现象，而且这种现象随着育苗期的延长，植株长势越来越弱，以致最终被周围植株全部覆盖而失去秧苗价值。这种幼苗往往初期表现低矮和长势较弱，越到后期越明显，严重的则停止生长或逐渐因周围秧苗的茎叶覆盖而导致黄化或死亡。

2）原因及对策　种子质量良莠不齐，光照、水肥供给不均匀，育苗环境通风不良都易引起逆边际效应，但水分分布不均匀是主要原因。生产时应选择整齐一致的种子进行播种，增强通风透气性，给予充足的光照和均匀的灌水。国外育苗特别注重喷水的均匀度，局部水分过大也会造成生长不均。

（5）烧根

1）表现和特点　秧苗发生烧根时，根尖发黄，须根少而短，不发或很少发出须根，但秧苗拔出后根系并不腐烂，茎叶生长缓慢，矮小脆硬，容易形成小老苗，叶色暗绿，无光泽，顶叶皱缩。

2）原因及对策　在无土育苗条件下，产生烧根的主要原因是盐分障碍，有机肥混合不均匀，营养液浓度过高，或在连续喷浇过程中盐分在基质中逐渐积累而产生盐害。配制营养液时铵态氮的比例较大（超过营养液总氮量的30%）也易引起烧根现象。因此必须按科学推广应用的营养液配方配制营养液，如果想改营养液配方，必须经过试验，确切有把握后再应用于大面积生产。在育苗过程中，一般应在浇2～3次营养液后浇1次清水，避免基质内盐分浓度过高。应用营养基质进行无土育苗必须选用定型的产品，切忌

自己随意配制，以免发生浓度危害。

（6）沤根

1）表现和特点　沤根的症状是根部不发新根，根皮发朽腐烂，幼苗萎蔫，茎叶生长受到抑制，叶片逐渐发黄，不生新叶，幼苗很容易拔起。

2）原因及对策　产生沤根的主要原因是苗床上土温长期处于低温高湿状态，根际始终于冷湿与缺氧状态。光照不足，也易引起沤根。预防沤根：可实行床架育苗，这样通气条件较好，基质内湿度不会太大（多余的水分从盘底小孔流出）；发现沤根后应及时控制浇水，提高室温或根际温度。

（7）叶片黄化、白化和斑枯

1）表现和特点　叶片部分或全部变黄、变白、干枯或形成斑点状的黄化、干枯，引起植株生长迟缓，严重的导致苗期死苗现象。

2）原因及对策　由于温度过高，强光直射灼伤叶片使之失绿而形成白斑；高温放风过猛，冷风闪苗失绿造成叶片白斑；基质中氮肥严重缺损时造成心叶黄化；基质中酸碱度不适和盐分浓度超标时，真叶叶缘形成黄化；出现病毒病或蚜虫刺吸叶片时会在真叶叶片上形成黄绿相间的斑纹；补施叶面肥时，喷施浓度过大，之后没有及时用清水清洗叶片，也会造成叶片灼烧黄化。防治方法：主要注意基质的 pH 呈弱酸性或中性，严禁用含盐量高的有机肥配制基质；放风炼苗时不宜过猛，应根据外界温度和风向逐渐放风；注意保持苗床温度，防止低温冻害；对于蔬菜类，基质中氮素含量要保持在 5～7 毫克/千克；出苗后每隔 3～5 天要用多菌灵配合蚜虱净防治病虫害；叶面追肥量要适中，喷后及时用清水清洗叶面；夏季育苗时，12～15 时要使用遮阳网，以防阳光直射灼烧秧苗。

2. 传染性病害的种类与防治

（1）猝倒病

1）危害症状　猝倒病由鞭毛菌亚门腐霉菌侵染所致。幼苗出土前染病造成烂种、烂芽，出土后染病则表现茎基部初呈水浸状，很快褪绿变黄呈黄褐色，最后病斑绕茎一周使茎缢缩呈线状，幼苗失去支撑折倒在地。该病传染性强，湿度大时在病苗残体表面及附近基质上密生白色絮状菌丝。

2）原因及对策　种子和基质带菌是该病发生的主要条件，湿度大和温度过高或过低是发病的客观条件，因此要做好基质和种子的消毒，加强苗床管理。一旦发病，可用药剂及时喷洒或最好灌根处理，如采用恶霉灵、育苗青、普力克等处理。要注意灌根浓度一般比喷洒浓度低 10 倍左右，以免引起药害。

（2）立枯病

1）危害症状　由半知菌亚门丝核菌属的立枯丝核菌侵染所致，受害幼苗在茎基部产生椭圆形暗褐色病斑，发病初期幼苗白天萎蔫，晚上恢复，当病斑横向扩展绕茎一圈后，茎病部凹陷缢缩，地上部茎叶逐渐萎蔫枯死，一般病苗枯死时仍然直立，故称立枯病。该病传染性强，潮湿条件下发病严重，并可见淡褐色蛛网状菌丝。

2）原因及对策　发病原因与猝倒病类似，可参照猝倒病的防治方法来防治立枯病。

（3）病毒病

1）危害症状　感染病毒病的幼苗一般均表现植株矮化，叶片斑驳花叶，严重者叶片皱缩畸形，植株生长停滞。病毒病发生轻重程度因病原及作物种类而异。另外，病毒病发生要求高温干旱环境，且随蚜虫大面积传播。

2）原因及对策　病毒的种类很多，一般均为种子内部传播，带毒种子是重要的病毒来源。防治上要严把种子质量关，并采用种子处理方法如干热处理或用 10％磷酸三钠浸种 20～30 分钟，有钝化病毒的作用。防止高温干旱的情况发生和控制蚜虫也是防治病毒病的主要措施。

（4）白粉病

1）危害症状　白粉病也是多数作物容易感染的一种传染性病害，主要危害叶片。初期在叶片正、背面出现近圆形白色小粉点，中白色丝状物，以叶面居多，后逐渐扩展连接形成边缘不明显的连

片白粉，严重时整个叶片布满白粉，病叶变黄最后枯死。白粉病在高温干旱与高温高湿交替出现时极易流行。

2）原因及对策　环境不适是发病的主要因素，主要应加强通风透光和肥水管理，保持环境洁净。另外，可用药剂防治，如25％粉宁可湿性粉剂 2 000 倍液、42％粉必清悬浮剂 600 倍液和70％甲基托布津可湿性粉剂 1 000 倍液等，均对白粉病有较好的防治作用。

（5）霜霉病

1）危害症状　多数作物幼苗容易感染霜霉病，如瓜类、白菜类等蔬菜作物。苗期感病往往叶片开始褪绿并出现不规则黄斑，后期斑枯连片，潮湿时叶背产生灰黑色霉层，随病情进一步发展而变黄干枯。除了种子带菌外，霜霉病还可借风、昆虫和农事操作传播，传染性很强。

2）原因及对策　种子带菌是霜霉病发生原因之一，应加强对种子的管理和消毒处理；相对湿度较大造成的高湿环境是发病的重要条件，应适当控制浇水，注重通风排湿，合理调节温湿度，减少结露时间。

此外，苗期根据不同作物种类还会出现其他相应的传染性病害，应根据具体情况进行防治。

3. 虫害的种类与防治

（1）蚜虫

1）危害症状　在幼苗的叶背上，成蚜和若蚜群集吸食叶肉汁液，形成褪色斑点，叶片发黄，卷曲，生长受阻。蚜虫还可传播病毒病，造成的损失往往要大于蚜虫的直接危害。

2）原因及对策　蚜虫主要依靠有翅蚜迁飞扩散，在田间发生时有明显的点片阶段。菜蚜繁殖受环境的影响很大，在平均气温23～27℃，相对湿度 75％～85％条件下繁殖最快。药剂防治可选用 50％抗蚜威可湿性粉剂 2 000～3 000 倍液，或 21％灭杀毙乳油6 000 倍液，或 2.5％天王星乳油 3 000 倍液，或 2.5％功夫乳油3 000倍液，或 20％速灭杀丁乳油 3 000 倍液，或 2.5％敌杀死乳油

3 000 倍液等。在育苗温室放风部位应该装上防虫网（20 目）、温室内挂黄板（每亩 30 块）等，都是有效的防治措施。另外，应及时清除育苗温室周围的杂草，切断蚜虫的栖息场所和中间寄主。

（2）红蜘蛛

1）危害症状　红蜘蛛是危害幼苗的红色叶螨的总称。成螨和若螨群集在叶背常结丝成网，吸食汁液，被害叶片初始出现白色小斑点，严重时发展为褐色，似火烧状，俗称“火龙”。被害叶片最后枯焦脱落，甚至整株死亡。红蜘蛛蔓延迅速，是苗期的一大虫害。

2）原因及对策　红蜘蛛依靠爬行或吐丝下垂借风雨在田间传播，向四周迅速扩散。农事操作时，可由人或工具传播。预防应从早春起就彻底清除育苗场所周围的杂草，可显著抑制其发生。在苗期注意灌溉，增施磷、钾肥，促使秧苗健壮生长。夏秋育苗，如遇高温干旱天气，应及时灌水，增加空气温度，防治螨害的发生，控制螨情发展。也可参照蚜虫药剂种类进行药剂防治。

（3）茶黄螨

1）危害症状　俗称白蜘蛛。成螨或若螨集中在秧苗的幼芽与嫩叶刺吸汁液，致使被害叶片变窄，增厚僵直，叶背呈黄褐色或灰褐色，带油浸状或油质状光泽，叶缘向背面卷曲。

2）原因及对策　该虫可在温室内周年繁殖危害。防治上应将育苗温室和生产温室分开并隔离。育苗前彻底清除温室内的残株和杂草，并彻底熏杀残余虫口。育苗期间经常检查，发现危害立即用药防治。药剂种类选择基本上同红蜘蛛防治。

（4）白粉虱

1）危害症状　白粉虱成虫和若虫群集在叶片背面吸食蔬菜植株的汁液，受害叶片褪绿变黄、萎蔫，严重时全株枯死。除直接危害外，白粉虱成虫和若虫还能排出大量的蜜露，污染叶片诱发叶霉病和灰霉病等。

2）原因及对策　在温室内，一年可发生十多代，环境适宜时开始迁移扩散。防治方法除了要求将育苗温室与栽培温室隔离一定

距离外，育苗温室在育苗前应彻底清除残株、杂草，用敌敌畏熏蒸残余成虫。育苗过程中要在通风口加上尼龙纱网防止外来虫源进入。在发生初期，可在温室内张挂镀铝反光幕驱避白粉虱，或在温室内设置涂有10号机油的橙黄色板，诱杀成虫。在白粉虱发生初期应及时喷药以降低虫源数量。选用25%扑虱灵可湿性粉剂2 500倍液，或10%扑虱灵乳油1 000倍液等药剂对防治白粉虱有特效。其他防治螨类害虫的药剂也可选择应用。

4. 苗期其他灾害

（1）药害 幼苗的抗药性较差，稍有不慎就易出现药害，这在生产上屡见不鲜。产生药害的秧苗叶症：干枯、坏死、变白，叶缘、叶尖最为明显，幼苗畸形或扭曲，生长停止，严重时秧苗死亡。

产生药害的原因多种，例如叶面喷药或叶面追肥浓度过大，药剂喷雾时雾化不好或停留时间过长，喷雾用水或器械被除草剂污染，高温期或秧苗生长衰弱时喷药等，应该有针对性地防止上述各种原因产生的药害。应该指出，无土穴盘育苗时，由于基质的缓冲性较小，且穴盘的穴内根系布满，如果给药总量太大，容易使根际药液浓度高而产生药害。为了防治地上部侵染的病害，应采用细雾喷布供给药液，而不要采用浇灌的方法。如果为了防治土传病害而必须浇灌药液时，需降低药液浓度。

（2）运输中的秧苗障碍 在工厂化穴盘育苗生产中，秧苗运输过程中也会发生种种障碍。常见的秧苗运输障碍有两种：一种是经过运输后基质严重脱落，秧苗根系得不到保护，以至定植后缓苗期延长，甚至影响定植成活率。产生这种情况的主要原因是根系的生长量不够，没能将穴内的基质紧紧裹住，以至于经过运输的颠簸而“散根”；另外也和装箱不当有关，应该防止在运输过程中秧苗的相互撞击与过激的震动。另一种容易发生的运输障碍就是秧苗失水萎蔫。关键原因就是运输中的温、湿度控制不当，高温低湿及箱内通风量过大都容易造成秧苗的萎蔫。在没有空调车的条件下，夏季运输应安排在夜间进行，秧苗装车后应用篷布全面覆盖，防止大风直接吹到箱内秧苗上，运苗箱的通气孔要设置适当，在运输前2小时应向苗盘浇水，保持根部适宜的湿度。此外，在冬季运输时，应该做好防冻准备，防止运输中出现秧苗冻害而造成的严重损失。

五、烟熏剂、粉尘剂使用技术

（一）烟熏剂使用技术

烟熏剂（简称烟剂）又名烟雾剂，是防治保护地蔬菜病虫害、生产无公害蔬菜的理想药剂。在雨水多、空气湿度大，病害发生重的季节，棚室蔬菜湿度更大，极易造成各种病虫害的发生和流行。施用烟熏剂则能有效防止因施药而导致的棚室湿度增加，是防治大棚蔬菜病虫害最经济而有效的方法之一。

1. 施用烟熏剂的优点 使用方便，省工、省时、省药、高效、低残留；不增加棚内湿度，用药不受天气限制，防治效果好，烟雾渗透力强，通达性好，施药均匀无死角，药效持久，防病治本，治虫彻底，还可减少农药施用次数和用量，不影响正常的农事操作。

2. 常用烟熏剂 10%百菌清烟剂、45%百菌清烟剂、10%速克灵烟剂、克菌灵烟剂（速克灵与百菌清复配剂）、扑海因烟剂、疫霉净烟剂、15%腐霉利烟剂、15%杀毒矾烟剂、3%噻菌灵烟剂、30%一熏灵烟剂、10%特克多烟剂、10%敌敌畏烟剂、22%敌敌畏烟剂、10%灭蚜烟剂、10%氰戊菊酯熏剂、杀瓜蚜烟剂等。

3. 病虫害防治 防治的病害有早疫病、晚疫病、疫病、霜霉病、灰霉病、叶霉病、菌核病、白粉病、炭疽病、立枯病、猝倒病等。虫害有白粉虱、烟粉虱、潜叶蝇、蚜虫等。

4. 施药时间 从下午6时左右开始燃施，闭棚过夜，既有利于烟剂微粒沉积，提高防效，又不影响农事操作。

5. 施用方法 烟熏剂要多点均匀布放，每亩布设5～6个点，并用铁丝、砖块、陶瓷等作支架将烟熏剂支于离地20～40厘米高处，燃放时从棚室内向外按顺序点燃，然后灭明火使其正常发烟。点完后迅速密闭棚室过夜，次日早晨通风后才可入内进行农事操

作。一般情况下密闭 8～12 小时后必须进行通风换气，排除棚内有害气体。阴雨天的白天也可施药，施药后需密闭 4～6 小时，通风后才能作业。

6. 使用剂量 常用烟剂 1 次用量为 0.3～0.4 克/米^3，即每亩大棚用烟剂 300～400 克，防治病害应在发病初期施药，每隔 7～10 天施用 1 次，连用 2～3 次。防治虫害也宜在发生初期进行，以利及早控制虫害曼延。病虫害严重的或棚室密封性能差的，可适当增加用药量或缩短施药间隔期。防治大棚黄瓜霜霉病、疫病及番茄早疫病、晚疫病和灰霉病等，可用 45%百菌清烟熏剂或 15%克菌灵烟熏剂，每次每亩用药 200～250 克；防治黄瓜白粉病可用 15%克菌灵烟熏剂，每次每亩用药 250 克；防治菌核病用 10%速克灵烟熏剂或 15%克菌灵烟熏剂，每次每亩用药 250～300 克；防治西葫芦、黄瓜灰霉病、草莓霜霉病、白粉病、灰霉病及番茄、茄子的叶霉病、灰霉病和早疫病、晚疫病可用 15%腐霉利烟熏剂或 45%百菌清烟熏剂，每次每亩用药 200～250 克，或用 30%一熏灵烟熏剂，每次每亩 300～400 克；防治以灰霉病为主的病害，可用 10%速克灵烟熏剂或 10%特克多烟熏剂，每次每亩用药 300～400 克；防治蚜虫、潜叶蝇、温室白粉虱，可用 22%敌敌畏烟熏剂，每次每亩用药 300 克，或用杀瓜蚜烟熏剂，或 10%敌敌畏烟熏剂，或 10%灭蚜烟熏剂，或 10%氰戊菊酯烟熏剂，每次每亩用药400～500 克等。

7. 防止药害 烟熏剂发生药害的主要原因是由于发烟时产生的一氧化碳、二氧化硫、二氧化氮等有害气体量超过了植株所能忍受的极限。蔬菜种类及其生育时期与烟熏剂的种类，设施空间大小与烟熏剂的布局、用量、施用时间和用药后的密闭时间等不当均可造成药害。因此，使用烟熏剂时必须严格按照说明书的要求进行操作，如不慎发生药害，应针对不同情况区别对待，对植株不能恢复生长的，应当机立断补种或改种；对部分受害的植株应通过加强肥水管理等措施促其恢复生长，尽量减轻药害所造成的损失。

8. 注意事项 ①烟熏剂系易燃物品，贮运时要避火防潮防压防热，避免阳光直射，单独存放，严禁与食物、种子、饲料、化肥混放，一旦受潮不能用火烘烤，应风干后再使用。②烟熏剂引燃后发烟迅速，施药人员应立即离开棚室；放烟点应与作物相距30厘米以上，远离可燃物。③烟熏剂不能在露地使用，不可稀释喷雾。④使用时注意劳动保护，意外中毒应立即送医院急救。

（二）粉尘剂使用技术

粉尘剂是经过加工之后，比农药粉剂更细的粉剂，它是介于农药可湿性粉剂和烟熏剂发烟以后的烟尘之间的药剂粉粒，类似空气中的尘埃。在保护地条件下形成飘尘，增加在空间里悬浮的时间，在一定范围内产生多向沉积现象，均匀地沉积到蔬菜植株各个部位上。具有节水、省工、省力、省药，又不受气候条件限制，对棚膜要求不严格等特点。防效比喷药液防治提高10%～20%。

1. 粉尘剂种类 5%百菌清粉尘剂、7%叶霉净、10%敌托粉尘剂、7%防霉灵粉尘剂、5%利得粉尘剂、5%防细菌粉尘剂、5%加瑞农粉尘剂、6.5%甲霉灵粉尘剂、8%克炭灵粉尘剂、防蚜粉尘剂等。

2. 防治对象 霜霉病、灰霉病、角斑病、炭疽病、细菌性斑点病、细菌性角斑病、菌核病、斑枯病、黑斑病、叶霉病、蚜虫等。

3. 使用方法 防治时，要用专门的喷粉器，例如丰收-10型背负式手摇喷粉器，东方红-18型弥雾、喷粉两用机等。使用时，丰收-10型每分钟不少于50转，每分钟喷粉尘剂200克左右，喷口外10厘米处的风速不小于每秒10米，每亩每次喷粉尘剂1千克。但未使用过的新喷粉器，在第一次装粉尘剂时，要求多装一些，作为垫底之用（约装1.5千克），以使粉尘剂的使用量均为每亩1千克。

喷粉尘时间，应选在早晨或傍晚，当蔬菜上有露水时施药，药粉易附着在蔬菜上，获得较好防治效果。但注意出粉孔不要被露水沾湿，以免药粉结成团。如果是早晨喷，喷后1～2小时即可开棚室进行农事活动；若是傍晚喷，可到第二天早上再开棚室。病害隔

7天喷1次，一般喷4～5次；害虫隔10天喷1次，一般喷2～3次。

喷粉尘时，喷头向上，喷在蔬菜上面空间，让粉尘自然飘落在植株上，不宜直接对准植株喷，否则喷施不均匀，影响防治效果，而且粉尘剂的用量增加，投资加大。

4. 注意事项 粉尘剂要求保持干燥，存放时应放在干燥处，防雨、防潮、防晒。喷粉器的药箱需要保持干燥，不能有水或湿气。喷粉尘剂时，不加水。喷粉尘后3天之内不宜喷雾，以免影响效果。如果防治时需要喷药液，可先喷药液，后喷粉尘剂。喷粉尘剂时，操作人员应站在上风头，切忌顺风喷，以防药粉喷到自己身上而发生中毒事故，必须戴上口罩、风镜、手套，避免粉尘剂吹进眼内和鼻孔或口吸进体内。喷完后，用肥皂水、清水冲洗手、脸等。喷粉尘时，先把风口闭合，由里向外喷，喷完后把门关闭。每亩地一般4分钟左右喷完。

六、有机生态型无土栽培技术

近年来，无土栽培技术在各地逐渐发展起来，与土壤栽培相比，无土栽培能避免土传病虫害等连作障碍，同时还具有减少农药用量、提高作物产量和品质，省肥、省水、省工以及可以在一切不适于一般农业生产的地方进行作物生产的特点。目前发达国家温室作物生产70%以上都是采用无土栽培的方式。但是传统的无土栽培也存在一次性投资大，运转成本高，而且营养液的配制和管理难度较大等缺点，因此这一技术在我国一直难以大面积推广。由中国农业科学院蔬菜花卉研究所研究成功的有机生态型无土栽培技术解决了这些问题。

有机生态型无土栽培技术是指不用天然土壤，而使用基质；不用传统的营养液灌溉植物根系，而使用有机固态肥并直接用清水来灌溉作物的一种栽培技术。有机生态型无土栽培是一种农业高新技术，具有节肥、节水、省工、高产、优质，不受地域限制和产品洁净卫生等特点，并且操作管理简单，系统排出液无污染，产品品质好。

(一) 有机生态型无土栽培技术的特点

有机生态型无土栽培技术立足于有机种植和农业的良性生态循环，与传统的营养液无土栽培相比，它的主要特点有：

第一，突破了无土栽培必须使用化学营养液的传统观念。它采用有机固态肥取代化学营养液，在作物整个生长过程中只需灌溉清水。

第二，大大拓宽了栽培基质的取材范围。可就地取材采用廉价的农作物秸秆、玉米芯、废菇渣等农产品废弃物全面取代价格昂贵的草炭作为无土栽培基质，并可连续使用3～4年。

第三，显著降低了无土栽培的成本。一次性投资较最简单的营养液槽培降低45%，肥料成本降低53%，基质成本降低60%。

第四，增产效果明显。采用该技术生产的番茄年亩产量超过20 000千克，最高产量达到24 000千克，达目前国内最高产量水平。

第五，有效提高产品品质。将有机农业成功导入无土栽培，符合我国“绿色食品”和“有机食品”的施肥标准，能明显改善产品的营养和风味品质，尤其是能够有效降低产品硝酸盐的含量。

第六，大大降低了操作管理难度。在“简单化”的基础上实现了无土栽培肥水管理的“标准化”，使无土栽培技术由深不可测变得简单易学，实现了管理的“傻瓜化”。

(二) 有机生态型无土栽培系统的组成

有机生态型无土栽培系统包括栽培槽、栽培基质、灌溉系统等。

1. 栽培槽 栽培槽框架可以使用砖、水泥板、塑料泡沫板和木板等来建造。但总体来说砖成本较低、操作管理方便，而且易于观察根系生长情况。泡沫塑料板外观效果理想，但成本较高。

槽和走道的宽度要根据所种作物的种类来定，一般果菜类蔬菜槽宽48厘米，过道72厘米；叶菜的槽宽为96厘米，过道48厘

米。槽长一般不超过 40 米。栽培槽高度一般为 15 厘米即可满足要求，如果用砖垒的话，就是三层砖。

栽培槽的底部采用塑料膜把基质和土壤隔开，既能防止土传病虫害，又能保水保肥。塑料膜上铺粗基质，用于贮水和贮气，粗基质可采用粗沙、石子、粗炉渣等。粗基质的厚度有 5 厘米左右就可以了；粗基质上铺一层可以渗水的塑料编织布，在塑料编织布上铺栽培基质。

2. 栽培基质　栽培基质的配制是有机生态型无土栽培的一个核心内容。进行有机生态型无土栽培，首先要配制适合多种作物生长的广谱性基质。

栽培基质的原料分为两大类：一类是有机的；另一类是无机的。

(1) *无机基质*　无机基质材料较多，沙子、蛭石、珍珠岩、陶粒等都可以作为原料，除此以外，我国很多地方还有比较廉价丰富的如炉渣、煤矸石、风化煤等。只要成本不高，取材方便，理化性质符合要求都可以使用。这些材料的粒径不应太大，如炉渣一般应过 2 厘米的筛子，选留粒径较小的。

(2) *有机基质*　采用菇渣、各种作物秸秆配制栽培基质，种植效果都非常好，作物产量高，味道好。

采用丰富廉价的农业生产废弃物配制基质，比起用草炭来，每亩地成本可降低 1 000 多元，而且这些物料可以不断再生，既便宜又环保。

(3) *有机基质的发酵*　在用这些有机物配制栽培基质之前，需要进行一些处理，先用粉碎机粉碎，然后高温堆放发酵降低碳氮比，发酵还有消毒杀菌的作用。

(4) *基质的混配*　采用 2～3 种有机基质材料、1～2 种无机基质材料进行混配，应用效果比单一的有机基质或无机基质要好得多。

据我国各生产区可以获取的基质材料，可选用下列典型的栽培基质配方（体积比）：

草炭∶炉渣=4∶6；

沙∶椰子壳=5∶5；

草炭∶玉米秸∶炉渣=2∶6∶2；

玉米秸∶葵花秆∶锯末∶炉渣=5∶2∶1∶2；

油菜秆∶锯末∶炉渣=5∶3∶2；

菇渣∶玉米秸∶蛭石∶粗沙=3∶5∶1∶1；

玉米秸∶蛭石∶菇渣=3∶3∶4；

油菜秆∶菇渣∶粗沙=3∶5∶2；

玉米秸∶菇渣∶炉渣=4∶4∶2；

葵花秆∶菇渣∶粗沙=3∶5∶2；

葵花秆∶菇渣∶珍珠岩=4∶3∶3；

玉米秸∶菇渣∶煤矸石=3∶4∶3；

玉米秸∶菇渣∶风化煤=4∶3∶3。

栽培基质混配好后填入栽培槽备用。

一般经过处理和混配的栽培基质，可以连续种植3～4年，对作物的产量和品质不发生显著影响。

3. 滴灌系统 有机生态型无土栽培技术是以清水作为灌溉水源，对灌溉系统的要求不像营养液系统那样严格，采用简易节水灌溉设施可以满足供水需要。经筛选，薄壁软管微灌系统成本较低，每亩400多元，可以使用2～3年。较各种滴头式滴灌系统每亩节约成本1 000多元，节约投资60%以上。

以单个棚室建立独立的供水系统，由阀门、主管道、过滤器、水表、微灌带等部件相连组成。

水源可采用自来水，如果没有自来水，可以用压力泵供水。

（三）有机生态型无土栽培的生产实施

1. 育苗 应用有机生态型无土栽培技术种植作物，首先需要育苗，育苗也应该采用无土方式。用基质穴盘方式比较省事，育苗基质用得不多，用草炭、蛭石1∶1加上少量的专用肥混配均匀后装入穴盘中，浇透水后就可以播种。

用营养钵育苗也是一种普遍采用的方式，它用的基质比穴盘方

式多、所占的空间也大，但是苗期比穴盘方式的长，管理起来也要比穴盘方式容易一些。

具体播种与苗期管理技术见前面相关内容。

2. 基肥的施用　定植前栽培基质需要施基肥，基肥一般采用有机生态型无土栽培专用肥，目前市场上已有产品销售。

施肥量按基质体积来计算，每立方米基质施 10～20 千克。施肥时先将肥料均匀撒在基质的表面，然后将基质和肥料混匀。

3. 定植　定植时要注意防止伤苗和保持适宜的株距。如果是采用营养钵育苗，可以先把营养钵的底去除，然后带营养钵定植，此法可以避免伤根和减少植株根腐病的发生。株距的确定一般根据每亩定植株数来定，如黄瓜、番茄一般每亩地定植 3 000 株左右，西瓜、甜瓜每亩定植 1 500～2 200 株，叶菜类根据作物种类而定。

4. 滴灌的铺设　定植好后接上滴灌软管，在栽培槽中视槽宽铺设 1～4 条滴灌带，滴灌软管一头接在主管上，另一头扎紧，滴孔朝上平铺在栽培基质上。并在滴灌带上面覆盖塑料膜，防止水喷到走道上，同时还起到降低温室湿度的作用。

5. 追肥的施用　定植后 20～25 天开始追肥，拉秧前 30 天停止追肥。一般茄果类蔬菜每次追肥间隔时间为 10～18 天；黄瓜7～12 天；西瓜、甜瓜整个生育期追肥 1～2 次；叶菜类一般不追肥。

使用专用肥作为追肥，一般每次每株追肥量为 10～15 克。撒施、堆施和穴施均可，其中以穴施的效果最好。

6. 水分管理　作物定植前，提前 1～2 天灌水使基质的含水量达到近饱和，但应避免定植时基质还处于浸泡状态。定植后，根据植株状况、基质含水量、天气及季节的变化等综合因素进行水分管理。尤其是对果菜类蔬菜，坐果前的水分管理非常重要，前期要注意适当控水，以防植株徒长，开花坐果前维持基质相对湿度60%～65%；开花坐果后以促为主，保持基质相对湿度在 70%～80%。冬季要求灌溉水温在 12℃以上。

如番茄定植后 5 天左右可不供水，或少量供水。前期苗小，每株每日平均灌水量为 100～200 毫升，依植株的增长逐渐增加灌水量，盛果期秋茬番茄的适宜平均灌水量为每株每日 500 毫升；春茬番茄前期适宜平均灌水量为每株每日 500 毫升，中后期为平均每株每日 800～1 000 毫升。灌溉量少时，每天 1 次给足，多时分 2～3 次给水，避免造成积水沤根。

7. 栽培基质的消毒 栽培基质每年仅需要通过夏季简单的太阳能消毒，就可以杀灭致病微生物和害虫，保证下茬作物的正常生长发育。夏季炎热，正是进行太阳能消毒的好时机。拉完秧后，清除大棚和基质中的枯枝烂叶，然后把槽里的基质翻数遍，使消毒进行的均匀彻底，并灌水使基质湿度达到 70%左右，用塑料薄膜将槽盖严。在湿润基质中微生物处于活动状态，致死温度低。关严门窗，棚里的温度可以达到摄氏 70℃以上，基质的温度可达到 50～60℃，晒上 15～20 天，病菌、害虫都闷热而死，解决了连茬减产的问题。

8. 日常棚室管理 如番茄花期可采用人工振荡、专用熊蜂授粉，花果多了，还要注意疏花疏果；南瓜、西瓜及甜瓜等一般采用人工对花的方式。高秧作物应不断放秧，以保证植株合适的高度。及时调整植株的叶、侧枝、花、果实数量和植株高度，保持植株良好通风透光条件，平衡营养生长和生殖生长。二氧化碳是植物光合作用的重要原料，通过二氧化碳发生器可以有效增加温室二氧化碳浓度。燃烧沼气或液化气补充二氧化碳的方法比较符合农村情况，同时还有给温室增温的作用。加强通风的另一个作用也是为了有效补给温室中的二氧化碳。防虫网能有效防止害虫进入温室中，悬挂黏虫黄板可有效降低虫口密度。

病害的防治主要应遵循以防为主的原则，应加强温室环境调控，特别是温、湿度控制；加强植株调整，及时整枝打杈、绕蔓、打底叶、摘残花，增强群体通风透光性，及时摘除病叶；使用安全合格的硫黄熏蒸器，能有效防治各种叶面真菌性病害；还要注意严防农事操作传播病虫害。

如果严格按照操作管理规程进行将取得满意的效果，番茄和黄瓜一亩地一年能收 2 万千克以上，甜椒超过 1 万千克，而且生长速

度快，比土壤栽培能提前10天左右采收。

七、秸秆生物反应堆技术应用方法与注意事项

“秸秆生物反应堆”技术是一项科学利用秸秆资源，大幅度提高瓜果菜产量，改善品质的现代农业生物工程创新技术。该技术在反应堆专用微生物菌种、催化剂和净化剂的作用下，将秸秆定向、快速地转化为植物生长所需要的二氧化碳（CO_2）、热量、抗病微生物和有机无机养料。在每亩大棚应用秸秆不少于4 000千克的情况下，可使大棚内CO_2浓度提高4～6倍，在寒冷冬季能使20厘米地温提高4～6℃，气温提高2～3℃，使病害大大减轻，用药量减少60%以上，第一年就可减少化肥用量50%以上，连续应用3年，可基本不用化肥而能保持作物高产。应用该技术，以秸秆代替大部分化肥，改良土壤生态环境；以抗病微生物和植物疫苗防治病虫害，有效减少农药用量；可使大棚瓜果菜提高产量30%以上，提前上市10～15天，大棚菜结果期延长30天以上，效益明显提高。

秸秆“生物反应堆”栽培技术是一项全新概念的农业增产新技术，生产上用秸秆替代大部分化肥，用植物疫苗替代大部分农药，有显著的增产、增质、增效和突出的经济生态效益。

（一）反应堆建造方法和注意事项

“秸秆生物反应堆”技术应主要用于冬暖式大棚、早春大拱棚作物栽培。反应堆有两种应用方式：一种是内置式反应堆，又分为行下内置式反应堆和行间内置式反应堆，多采用行间内置式反应堆；另一种是外置式反应堆。晚秋、冬季、早春适宜以内置式为主，外置式为辅；晚春、夏季和早秋适宜以外置式为主，内置式为辅。简言之：高温用外置，低温用内置，不冷不热要内外置结合应用。冬暖式大棚只要有两相电，内外置结合应用效果好。

1. 内置式反应堆

（1）行下内置式反应堆操作时间　晚秋、冬季、早春建行下内置式反应堆，如果不受茬口限制，最好在作物定植前 10～20 天做好，浇水、结合施疫苗、打孔待用。晚春和早秋可现建现用。

（2）行下内置式反应堆操作方法　在小行（定植行）位置，顺南北方向挖一条略宽于小行宽度（一般 70 厘米）、深 20 厘米的沟，把提前准备好的秸秆填入沟内，铺匀、踏实，填放秸秆高度为 30 厘米，南北两端让部分秸秆露出地面（以利于往沟里通氧气），然后把 150～200 千克饼肥和用麦麸拌好的菌种均匀地撒在秸秆上，再用铁锨轻拍一遍，让菌种漏入下层一部分，覆土 18～20 厘米。然后，在大行内浇大水湿透秸秆，水面高度达到垄高的 3/4。浇水 3～4 天后，将提前处理好的疫苗撒在垄上，并与 15 厘米表土掺匀，找平垄，在垄上用 12 号钢筋打 3 行孔，行距 20～25 厘米，孔距 20 厘米，孔深以穿透秸秆层为准，等待定植。

（3）行间内置式反应堆操作时间　一般在 8 月底、9 月上旬定植比较早的作物，如番茄、甜椒等，11 月下旬到 12 月上旬操作较适宜。

（4）行间内置式反应堆操作方法　在大行间，顺南北向挖一条略窄于小行宽度（一般 50～60 厘米）、深 15 厘米的沟，将土培放垄背上，或放两头，把提前准备好的秸秆填入沟内，铺匀、踏实，高度为 25 厘米，南北两端让部分秸秆露出地面，然后把用麦麸拌好的菌种均匀地撒在秸秆上，再用铁锨轻拍一遍，让菌种漏入下层一部分，覆土 10 厘米。浇水湿透秸秆，然后及时打孔即可。

（5）注意事项　一是秸秆用量要和菌种用量搭配好，每 500 千克秸秆用菌种 1 千克。二是浇水时不要冲施化学农药，特别要禁冲杀菌剂，但作物上可喷农药预防病虫害。三是浇水浇大行，浇水后 4～5 天要及时打孔，用 14 号的钢筋每隔 25 厘米打一个孔，要打到秸秆底部，浇水后孔被堵死要再打孔，地膜上也要打孔。每次打孔要与前次打的孔错位 10 厘米，生长期内保持每月打一次孔。四是减少浇水次数，一般常规栽培浇 2～3 次水，应用该项技术只浇一次水即可，切记浇水不能过多。有条件的，用微滴灌控水，增产效果最好。该不该浇水可用经验判断：在表层土下抓一把土用手一

攥，如果不能攥成团应马上浇水，能攥成团千万不要浇水。而且，在第一次浇水湿透秸秆的情况下，定植时千万不要再浇大水，只浇小缓苗水。五是前 2 个月不要冲施化肥，以避免降低菌种、疫苗活性，后期可适当追施少量有机肥和复合肥，每次每亩冲施浸泡 7～10 天的豆粉、豆饼等有机肥 15 千克左右，复合肥 10 千克左右。

2. 外置式反应堆

(1) *操作方法是* 在大棚内靠近门口的一侧，离开山墙 60 厘米，依据大棚宽度，南北方向挖一个长 5～7 米、宽 1 米、深 80 厘米的贮气池，在池子靠近作物一侧的中间，向里挖一长宽各 80 厘米、深度略深于池底的方形坑，用砖砌好，用水泥抹面，或用厚塑料膜铺在池内，以免秸秆上滴下的液体渗入地下浪费掉，这种液体叶面喷施可起到叶面喷肥和防治病害的作用。方形坑一定用砖砌好，用水泥糊实，高于地面 20 厘米，上端砌成直径 40 厘米的圆形口，上口平面要向棚内一侧倾斜 30°，以便安装二氧化碳交换机和输气带。在坑池上每隔 50 厘米放一根水泥杆，南北方向拉 3 道铁丝，上面排放秸秆，50 厘米厚撒一层用麦麸拌好的菌种，共排放 3～4 层，然后用水湿透秸秆，盖上塑料布即可。

(2) *注意事项* 一是所用秸秆数量和菌种用量要搭配好，每 500 千克秸秆用菌种 1 千克，玉米秸要用干秸秆。因为干秸秆宜吸水、透气；鲜湿秸秆容易产生厌氧反应，生成甲烷等有害气体，造成熏苗。二是外置式反应堆南北两端各竖起一根内径 10 厘米、高 1.5 米的管子，以便氧气回流供菌种利用。三是秸秆上面所盖塑料膜靠近交换机的一侧要盖严。四是建好后当天就要通电开机 1 个小时，5 天后开机时间逐渐延长至 6～8 小时，遇到阴天气时也要开机。五是及时给秸秆补水。补水是反应堆运行的重要条件之一，建堆上料加水，循环 2 次后，间隔 10 天向反应堆补一次水，保持秸秆潮湿。不及时补水会降低反应堆的效能。六是及时加料。外置反应堆一般使用 50～60 天，秸秆消耗在 50%以上，应及时补充秸秆和菌种，每次加秸秆 1 000 千克左右，菌种 2～3 千克。越冬茬作物全生育期上料 3～4 次，秋延迟和早春茬上料 2～3 次。每次加料前，先用直径10厘米尖头木棍在原先的反应堆料上每平方米打5个孔通气。

（二）应用反应堆技术与密度、品种的关系

应用反应堆技术大行要大（90～100厘米），小行适中（60～70厘米），株距适当缩小，总密度比常规降低10%～15%。一般早熟品种宜密，晚熟品种宜稀，早春作物宜密，即早熟品种取上限，晚熟品种取下限。

（三）处理菌种和植物疫苗

1. 处理菌种 1千克菌种20千克麦麸，1千克麦麸0.8千克水，先把菌种和麦麸干着拌匀再加水，拌好后用手一攥，指缝滴水。

2. 处理植物疫苗 方法与拌菌种相同。由于植物疫苗用量少，为避免接种不均匀，每亩可添加100～150千克草粉和50千克饼肥。方法是：饼肥和草粉单独加水湿匀掺匀，到用手一攥指缝滴水的程度，再与用麦麸拌好的植物疫苗混匀，堆放10小时左右再摊簿8厘米，温度不超过50℃，7～10天后再用，期间要翻料2～3次，料上不要盖不透气的塑料薄膜。

3. 菌种和植物疫苗使用时有两点不同 一是应用地方不同，菌种是撒在秸秆上分解秸秆，而植物疫苗是接种在15厘米表土层内，防治土传病害和根结线虫。二是菌种可现拌现用，用不完摊放在背阴处第二天再用，而植物疫苗要提前处理。三是疫苗接种方法有穴接、条带接和环形根区接，不论哪种接法均要先将其与土壤充分混合后再定植，使其与根系密切接触。接种后浇小水，隔5～7天再浇小水降温，促使疫苗快速进入植物机体，以免因高温造成失活。如当天接种不完，摊放于阴暗处，厚度8厘米，第二天继续使用。